国家自然科学基金项目（51304087）
国家自然科学基金项目（51564027）　　　　　　　　资助
爆炸科学与技术国家重点实验室开放基金项目（KFJJ15-14M）

台阶抛掷爆破模型试验研究

李祥龙　著

扫码免费加入爆破工程读者圈

既能与行业大咖亲密接触，
又能与同行讨论技术细节。
圈内定期分享干货知识点，
不定期举办音频视频直播。

電子工業出版社·
Publishing House of Electronics Industry
北京·BEIJING

内 容 简 介

　　本书介绍了作者近年来在台阶抛掷爆破机理及抛掷堆积规律等方面取得的研究成果。本书的研究依托黑岱沟露天煤矿高台阶抛掷爆破的生产实践，依据量纲分析理论和相似准则建立爆破漏斗相似模型，通过试验确定相似材料配比建立相似比 1:50 的高台阶抛掷爆破模型，分别研究了炸药单耗、最小抵抗线、孔距、排距、台阶坡面角及炮孔密集系数等爆破参数对高台阶抛掷爆破效果的影响规律。在模型的爆破过程中，辅以高速摄影观测和超动态应力-应变测试，研究了高台阶抛掷爆破作用下台阶面岩体鼓包变化及速度场分布规律，揭示了高台阶抛掷爆破机理；利用 NSYS（LS-DYNA）软件对高台阶抛掷爆破三维数值计算模型进行计算与模拟，研究了岩体在高台阶抛掷爆破作用下应力场的分布和变化规律。

　　本书内容深入浅出，对高台阶抛掷爆破的理论研究和生产实践有较大的指导意义。

　　本书可供从事露天采矿工程、爆破工程、安全工程、岩土工程等领域的科研人员和工程技术人员使用，也可供高等院校相关专业的师生参考。

图书在版编目（CIP）数据

台阶抛掷爆破模型试验研究 / 李祥龙著. —北京：电子工业出版社，2017.11
ISBN 978-7-121-33017-9

Ⅰ. ①台…　Ⅱ. ①李…　Ⅲ. ①台阶爆破－定向爆破－模型－研究　Ⅳ. ①TB41

中国版本图书馆 CIP 数据核字（2017）第 277082 号

责任编辑：杨秋奎（yangqk@phei.com.cn）　　　　特约编辑：孙　悦
印　　刷：北京七彩京通数码快印有限公司
装　　订：北京七彩京通数码快印有限公司
出版发行：电子工业出版社
　　　　　北京市海淀区万寿路 173 信箱　邮编　100036
开　　本：720×1 000　1/16　印张：15.25　字数：203 千字
版　　次：2017 年 11 月第 1 版
印　　次：2022 年 4 月第 3 次印刷
定　　价：61.00 元

凡所购买电子工业出版社图书有缺损问题，请向购买书店调换。若书店售缺，请与本社发行部联系，联系及邮购电话：（010）88254888，88258888。

质量投诉请发邮件至 zlts@phei.com.cn，盗版侵权举报请发邮件至 dbqq@phei.com.cn。

本书咨询联系方式：（010）88254755。

前　言

　　利用抛掷爆破的能量可以将剥离物直接抛掷到采空区，从而不再需要二次搬运。高效抛掷爆破技术的应用，不仅可大幅度降低剥离费用，提高露天矿的生产技术水平，而且还可使我国露天矿生产技术水平上升到一个新的台阶。近年来，抛掷爆破技术广泛应用于倒堆开采工艺，取得了巨大的经济效益。高台阶抛掷爆破规模较大，在工程实践中一次爆破使用炸药量少则几百吨，多则 1000 余吨，一次爆破方量也达到 100 多万立方米。抛掷爆破效果与经济效益直接挂钩，若能在高台阶抛掷爆破实施之前对其效果进行预测，并在此基础上优化爆破设计，必能极大地提高这项技术应用的经济效益。

　　国外对抛掷爆破技术的研究多着眼于应用实际和生产经验，对于我国引入这项技术及成功实施具有较大的借鉴作用。目前，国内外对高台阶抛掷爆破效果预测、力学模型等理论研究的成果不多。对如何设计和实施有效的抛掷爆破鲜有涉猎，对如何设计高台阶抛掷爆破的抛掷率、抛掷距离、爆堆形态与台阶高度、孔网参数、平均单耗、台阶倾角、起爆顺序、微差时间及上述参数之间关系的研究更少。因此，高台阶抛掷爆破破岩机理与抛掷堆积规律研究，必将对优化高台阶抛掷爆破设计，建立爆堆形态模拟和爆破效果预测力学模型，实施高效率的抛掷爆破提供理论依据和技术指导。

本书总结了笔者近年来在模型试验条件下台阶抛掷爆破机理及抛掷堆积规律研究等方面取得的研究成果。全书共6章，主要介绍抛掷爆破技术及研究现状（第1章）、台阶抛掷爆破模型试验相似准则的建立（第2章）、台阶抛掷爆破模型试验相似材料的选择（第3章）、主要爆破参数对抛掷爆破效果影响的模型试验（第4章）、相似模型爆破试验中的高速摄影观测（第5章）、相似模型爆破试验中的数值模拟（第6章）。

影响抛掷爆破效果的因素很多，如炸药种类、岩石类别及其物理力学性质等，故本书的研究内容和成果只是台阶抛掷爆破研究的开始而不是结束，今后仍有需要开展进一步的探索与研究，如台阶抛掷爆破预测模拟软件的开发、台阶抛掷爆破有害效应研究与控制等。在本书编撰过程中，笔者参考了部分国内外有关台阶抛掷爆破研究方面的文献，谨向文献的作者表示真诚的感谢。

本书著者李祥龙，昆明理工大学教授，硕士生导师，长期从事岩石破碎及工程爆破方面的科研及教学工作。由于著者水平所限，书中不足之处，恳请各位专家和广大读者批评指正。

著者　于昆明

2017 年 8 月

目　录

第 1 章
Chapter 1

绪　论

扫码免费加入爆破工程读者圈

既能与行业大咖亲密接触，
又能与同行讨论技术细节。
圈内定期分享干货知识点，
不定期举办音频视频直播。

1.1 引 言

在露天矿的开采过程中，首先需要将矿层（或煤层）上方覆盖的岩层剥离，传统的方法是使用炸药爆破松动后用挖掘机采装，卡车运输至排土场，再用推土机推到排土场的边缘排弃。这类单斗—卡车运输模式应用比较广泛，虽然机动灵活，但成本较高、效率低。随着矿山开采规模的扩大和剥采比的不断增加，传统的采掘工艺和采掘方法已不能适应生产的要求，一些大型矿山出现了生产成本激增、生产效率降低等问题。

目前，为了提高露天煤矿剥离能力，进一步提高采矿（煤）速度和效率，降低剥离成本，定向抛掷爆破技术应用于露天矿岩土剥离的工艺应运而生，高台阶抛掷爆破技术的应用逐渐被人们重视。生产实践表明，采用抛掷爆破剥离技术，可利用炸药能量将 30%～65%的覆盖物直接抛掷到采空区，不再需要二次处理，可降低综合剥离费用 30%以上。

20 世纪 80 年代，露天矿山抛掷爆破技术先后在美国、澳大利亚等国的露天煤矿得到应用。逐渐形成抛掷爆破—拉斗铲、抛掷爆破—推土机、抛掷爆破—电铲—卡车等多种联合剥离工艺。神华集团下属黑岱沟煤矿是国内自行设计和施工的特大型露天矿山，矿山主要开采二叠系 6 号煤层，煤层近水平分布，其上覆盖有 45～75m 厚的岩土混合层和表土黄土层。在改扩建工程中，引进、吸收澳大利亚、美国等露天采煤技术强国的先进技术和经验，结合矿山实际情况，于 2007 年率先在我国采用高台阶深孔抛掷爆破—拉斗铲倒堆综合剥离技术，并于 2007 年 3 月 1 日实施了第一次现场抛掷爆破试验，经过近十年的探索和实践，取得了较好的爆破效果和经济效益。这项先进技术的成功应用，极大地推动了我国露天采煤（矿）事业的发展，为建设高产高效露天矿、提高矿山经济效益提供了新的技术途径和经验。

利用抛掷爆破的能量可以将剥离物直接抛掷到采空区,从而不需要二次搬运。其优点主要有:

(1)无需增加额外设备,仅改变爆破设计和组织方式就可获得当前产量。

(2)提高炸药能量利用率,大大降低机械采剥成本及露天矿的综合成本,提高采矿(煤)效率。

(3)具有广泛的适用性,可适用于水平、缓倾斜的煤矿、采石场、磷酸盐等露天矿山。

在露天煤矿应用高台阶深孔抛掷爆破技术可以加快施工速度、简化运输系统,节省运输道路、节约运输成本,便于采掘设备布置,但由于炮孔多、药量大,其钻爆费用也相应增高,比常规爆破增大 80%～100%,如果爆破设计不佳,既不能达到节约成本的目的,还可能影响生产的顺利进行,甚至威胁现场钻孔、采装设备和作业人员的安全。

目前国内高台阶抛掷爆破的实例较少,关于高台阶深孔抛掷爆破技术理论研究和效果预测方面成果也不多。因此,对如何进行高台阶抛掷爆破设计,对如何实施安全有效的抛掷爆破,以及对高台阶抛掷爆破的抛掷率、抛掷距离、爆堆形态与台阶高度、孔网参数、平均单耗、台阶倾角、起爆顺序及微差时间等之间的关系进行研究显得尤为紧迫。

模型试验(仅指"物理模型试验")是按照一定的几何、物理、力学关系,用模型代替原型进行试验和测试研究,并将研究结果反推到原型的试验方法。采用模型试验研究爆破过程可更加方便、系统地设计试验方案,试验方案的改变也不受生产需求的限制,还可以很好地排除不同工程地质条件对爆破效果的影响,且模型容易制作,工作量小、成本低、周期快。本书通过对相似理论和爆破理论的分析,依据相似模型试验必须遵循的相似准则,确定模型试验必须遵循的几何相似、材料相似和爆破动力相似关系,利用爆破漏斗模型试验确定台阶抛掷爆破模型试验的相似材料及材料配比,进而制作一定比例缩小的台阶模型,最终通过台阶模型爆破试验研究炸药单耗、最小抵抗线、炮孔倾斜角度、孔排距及延期时间对抛掷效果的影响。

高速摄影测量是一种无接触、全局化、自动化程度高、精度高的测量手段。借助高速摄影技术，能将爆破这个高速变化的过程先记录下来，再将时间"放慢"，从而可以对高速变化过程中的细节进行研究。通过模型试验进行高速摄影观测，结合后期的分幅、绘制、测量和计算，可得到炸药爆炸后瞬间的鼓包形态变化、速度变化和最终飞散状态，对工程爆破中的抛掷堆积计算有重要意义。同时，使用高速摄影技术对爆破过程进行拍摄，可准确获得破碎岩土的抛掷速度和抛掷距离，结合相似理论，可反推出试验设计爆破方案下原型矿山的最大抛掷速度和最大抛掷距离，进而指导爆破方案的设计和优化，并对矿山爆破安全距离进行校核。

LS-DYNA 是通用的动力有限元分析程序，能够模拟各种复杂问题，特别适合求解爆炸冲击、高速碰撞等非线性动力冲击问题。该软件采用 Lagrange 算法，炸药材料模型通过关键字定义，炸药的爆轰压力、内能和相对体积的关系用 JWL 状态方程描述，通过观察模型内部单元的米塞斯（Von Mises）等效应力、应变及节点的位移变化来分析炸药破坏效应，最终在模拟了爆破作用下炸药爆轰的传播过程，获得不同位置处单元的 X、Y、Z 方向应力随时间的变化，节点在 X、Z 方向及三维空间的位移随时间的变化等丰富细节，通过与相似模型试验的补充印证，以指导生产实践。

开展台阶抛掷爆破相似模型试验，是以"结果"为导向，通过试验结果反推得到相关因素对爆破效果的影响程度，最终指导和优化爆破方案设计；利用高速摄影技术对相似模型试验进行观测，研究得到抛掷爆破过程中台阶坡面岩石速度场的分布规律，为高台阶抛掷爆破抛掷堆积的力学模型建立提供基础；而基于 LS-DYNA 软件平台的数值计算，更加注重被爆介质内部的破坏机理，通过计算模拟，可以得到高台阶抛掷爆破岩石破碎时的应力场分布规律，进而深入分析高台阶抛掷爆破机理与抛掷堆积规律。

将相似模型试验、高速摄影、LS-DYNA 数值计算三种方法同时应用在爆破理论研究中，既充分发挥了三种方法的优势，又弥补了各自的不足，还可以相互印证。通过系统研究，完善了抛掷爆破设计理论和评价体系，揭示了高台阶抛掷爆破机理，对后续的理论研究和生产实践有较大的指导意义。

1.2　国内外研究现状

1.2.1　相似模型试验理论与实践

在工程爆破中，为了验证理论的正确，避免新技术应用中爆破参数的改变可能带来不必要的损失和节省试验成本，常常需要进行一些小型模型模拟试验来代替实际爆破。要使这些小比例的模型试验能真实地反映全尺寸原型的实际爆破情况，在试验中就必须遵守模型试验的相似准则。因此，众多学者在爆破相似律和相似模型试验上都做了大量的有益的研究工作。

相似模型试验是以相似理论为基础的物理模型试验技术，是利用事物或现象间存在的相似或类似特征来研究自然规律的一种方法。自 17 世纪开始，模型的制作和利用在欧洲得到迅速发展，同时模型技术本身也产生了质的飞跃，由从前的主要考虑几何相似发展到研究模型与原型间的内在规律的相似。从 19 世纪中叶到 20 世纪 30 年代，相似三定理的先后被导出并得到证明，使相似理论形成了较为完整的理论体系，以相似理论为基础的相似模拟试验技术也逐步成为一种有效的工程研究方法。

早在 1955 年，Brobeg 就进行了多次爆破漏斗试验，他根据试验结果提出，如果药包在各个方向上按比例增大，那么爆破漏斗在各个方向上的变化规律也按同一比例增大。后来 Sedov L. I. 研究了两药包爆破过程参量（加速度、位移、动冲量等）的相似性问题，之后又研究了不耦合装药、无限介质中的爆破、水压爆破、地震效应和拆除爆破中的地震等问题。

20世纪80年代，我国学者徐连波用量纲分析的方法研究了爆破相似率的一些问题，将影响爆破效果的参数分为几何参数、介质参数、炸药爆炸参数、坐标参数，并得到了32个独立的无量纲参数。

中国科学院力学研究所杨振声研究员在探讨工程爆破物理过程的基础上，分析了几何相似律与能量准则成立的条件，给出了硐室爆破、深孔爆破及水下爆破的爆破相似律，并给出了在实验室内做模型试验时选择模型材料的方法。

淮南工业学院马芹永指出模型爆破试验的关键是确定相似材料和相似炸药，指出相似材料和相似炸药的确定具有一定的相关性，并用矩阵分析法分别推导了冻土爆破模型和砂浆爆破模型试验的相似准则。

武汉科技大学马建军等介绍了工程爆破小型模型模拟试验的相似律，并利用量纲分析的因次分析法，推导了水压爆破和地下深孔爆破模拟的相似律，介绍了小型模型设计和由模型数据推导实际应用爆破参数的方法；然后根据露天台阶爆破模型模拟试验的相似律，制作了小型水泥砂浆模型，模拟了宜阳矿爆破现场；并对原型方案和改进方案的爆破模型做了比较试验，结果表明前期所提出的爆破优化模型改进方案是可行的，为后期的工业试验提供了可靠的依据；最后对比试验结果，对相似模拟可能产生的失真及弥补方法进行了探讨。

中国地质大学周传波通过对现场小台阶模型试验进行相似理论分析，得出了该试验的模型律和相似准则，在此基础上分析总结了爆破块度预测模型，最后结合某露天矿的生产实际，研究并验证了爆破块度分布预测模型的准确性。

武钢矿业公司大冶铁矿秦绍兵运用正交设计方法进行井下中深孔爆破的优化试验方案设计，并采用小型砂浆模型进行了模拟试验。经过优化研究，得出了适宜于大冶铁矿井下中深孔爆破的优化方案，并将上述优化方案应用于井下中深孔爆破生产实践。生产实际情况证明，按照模型试验优化研究的结果进行回采爆破，爆破效果得到了明显的改善：降低了大块率、生产成本和炸药单耗，提高了井下生产效率、企业的经济效益。说明用模型试验代替工业试验进行爆破参数的优化研究不失为一种有效的科研试验方法。

本溪冶金高等专科学校何晓光等为了探讨采用变直径深孔爆破工艺解决露天矿高台阶开采的爆破根底问题，在实验室内建立了变直径深孔台阶与等直径深孔台阶爆破模型，并采用高速摄影技术对模型爆破过程岩体移动速度和移动位移分别进行了研究，得出变直径深孔爆破有利于改善台阶的爆破效果。对在高台阶开采的矿山推广该项工艺具有借鉴和参考价值。

20世纪30年代，苏联库兹涅佐夫提出相似模拟试验，此后相似模拟试验在苏联矿山测量、煤炭研究等领域得到应用，随后在德国、日本、澳大利亚和美国等许多国家也相继得到广泛应用。1958年，北京矿业学院（现中国矿业大学）矿压实验室率先在我国建立了相似模拟试验架。目前，相似模拟试验已经发展成为了国内外矿业、水利等领域一种必不可少的重要研究手段，并已经取得了非常显著的经济效益。

顾大钊教授以砂、石膏、硼砂和水的混合物作为模型试验的相似材料，研究了石膏、砂相似材料配比的变化对其物理力学性质的影响。为了调整石膏、砂相似材料的性质，通常将水泥和石膏混合作为胶结材料，为此顾大钊还研发了石膏、水泥和砂混合的相似材料。

中国科学院武汉岩土力学研究所左保成等人的试验研究结果表明，采用石英砂、石膏、水泥制成的相似材料试样具有与灰岩相似的结构特征与破坏特征，可以用来模拟灰岩。王展选用河砂、石灰和石膏的混合物作为相似材料，并进行相似材料的力学性质配比试验。试验结果表明，砂、石灰和石膏的胶结物有较大的强度变化范围，通过调节相似材料的配合比能使材料的强度、变形性能与原岩性能接近相似，同时由于试验过程中材料性能较为稳定，还可以满足模型试验中所用相似材料能反映原型材料力学性质的要求。

淮南矿业学院马芹永选用砂和水泥作为相似材料，根据相似准则确定相似材料的单轴抗压强度为0.73MPa，单轴抗拉强度为0.0329MPa，以此制成水泥砂浆相似物理模型，并对模型进行了爆破试验。通过对水泥、砂子进行不同配比试验，最后确定出模型材料的配比为水泥：砂=1：1.92时，试验结果与原型较为符合。

瑞典学者Gert Bjamholt等用质量约1t的混凝土试块，进行模型爆破研究后认为："在混凝土模型中进行爆破与在中等强度的均质岩石中所进行的爆破，其爆破效果是相吻合的。"

俄罗斯、日本、葡萄牙等国的研究人员利用纯石膏相似材料，而我国李朝国等人用机油为黏结剂的相似材料。葡萄牙的国家土木工程研究所（LNEC）和意大利的贝加莫结构模型试验所采用石膏混合材料来模拟大坝和地下厂房。意大利等国家的科研单位采用以下两类相似材料模拟地质力学模型：一类模型材料是采用铅氧化物（PbO或Pb_3O_4）和石膏的混合物作为主要材料，用卵石或砂作为辅助材料；另一类则采用环氧树脂、甘油和重晶石粉混合作为模型材料。

2010年，Ueng利用计算机辅助制造技术克隆Barton标准结构面剖面和锯齿形结构面表面的形态，其剖面粗糙度系数为4～6和18～20，并采用石膏、硅石粉和水按质量配比为1：0.75：1混合作为相似材料，制作成模型尺度为75mm、100mm、150mm和300mm的四种结构面，对模型结构面进行直剪试验研究。试验结果表明，影响结构面抗剪强度尺寸效应的主要影响因素不是结构面尺度，而是结构面的表面几何形态。

卞德存等以某坑道出口抛掷爆破为例，论述了现场爆破模型试验的主要相似参数和动力相似问题，重点讨论了爆破模型试验中抛掷距离的相似性问题，爆破模型试验的主要相似参数呈线性关系；对于比例较小的室内爆破模型试验，必须满足动力相似的3个基本条件，才能对现实工程实践有指导意义；原型与模型试验抛掷距离之间的换算，可以按照几何相似比为4/3次幂的关系进行设计。

为了解决工程爆破中复杂的岩石力学问题，国内外众多学者从不同角度进行了多例相似模型试验的研究，从相似定理的选择到相似准则的建立，根据模型与原型之间的几何相似、材料相似和动力相似，用量纲分析

法确定模拟材料的相似配比,养护模型后再进行模型试验。通过模型试验
与现场试验的对比,验证模型试验的准确性,对工程爆破具有一定的指导
意义。

1.2.2 台阶抛掷爆破技术的应用

张志毅进行了"深孔抛掷爆破参数设计方法的探讨",通过试验研究
给出了深孔抛掷爆破参数的设计计算方法,推荐了单孔装药量设计计算公
式、最小抵抗线计算公式、孔间距的经验计算公式和其他参数的选取方法。

高荫桐进行了平面药包和群药包定向爆破筑坝布药间距与抛掷堆积
规律试验,他认为:合理的药包间距可以改善抛掷堆积效果,在药量不变
的情况下,存在一个有利于抛掷堆积的"最佳间距、排距";并通过试验
研究再一次证明了抛掷距离与最小抵抗线成正比关系。

傅洪贤等针对国内外大型露天煤矿采用的高台阶抛掷爆破技术,研究
了高台阶抛掷爆破参数,提出高台阶抛掷爆破的炮孔倾角一般为 70°,最
小抵抗线为 $W=KD/1000$(K 为系数,取 30~40;D 为炮孔直径),提出确
定孔距、排距和炸药单耗的方法,根据现场试验,提出孔间延期时间为 10~
25ms,排间延期时间为 150~200ms 比较合理。

闫海勇等结合抛掷爆破在黑岱沟露天煤矿的现场应用现状,研究了黑
岱沟露天煤矿合理的抛掷爆破参数,计算得出炮孔直径一般取 310mm,
孔距取 6~8m,排距取 4~13m,通过 4 次现场抛掷试验分析,确定黑岱
沟露天煤矿抛掷爆破炸药单耗为 0.65~0.85kg/m³,有效抛掷率为 30.1%~
39.35%。

薛占山等介绍了多种炸药的配比在露天煤矿高台阶抛掷爆破中的应
用,指出高质量的布孔设计与多种炸药的配合使用是提高抛掷率的因素。
实践证明,重铵油炸药、乳化炸药在爆区前排孔的使用大大提高了抛掷爆
破的有效抛掷率,降低了爆堆高度;铵油炸药、低密度炸药在后排孔的分
段装药与预裂孔的使用,大大提高了预裂爆破预裂孔的孔痕率,确保预留

台阶的边坡稳定、坡面平整，为后续爆破创造了安全的作业条件。多种炸药的合理搭配使用，不仅提高了抛掷率，也降低了抛掷成本，提高了露天矿开采的经济效益。

张国平等结合国内抛掷爆破—吊斗铲倒堆工艺成功应用的先例，进行了朝阳露天煤矿抛掷爆破—吊斗铲倒堆工艺可行性研究，分析了朝阳露天矿台阶高度、采宽、孔网参数、炸药的选择等抛掷爆破相关参数。研究结果表明朝阳露天煤矿具备应用抛掷爆破的条件，并依据影响抛掷爆破效果的各项参数，给出了朝阳露天煤矿最佳爆破参数，吊斗铲台阶高度为 45m，采宽为 60m，炮孔倾角为 70°。

李本平等通过不同装药量和装药结构的松散介质抛掷爆破野外试验，分析了抛掷爆破技术中装药量、装药结构、施工工艺、最远抛掷距离、抛掷率之间的内在联系。研究结果表明，炸药单耗控制在 $1.4\sim1.8kg/m^3$ 之间可取得较好的抛掷效果；采用速凝水泥砂浆处理爆体表面后，可取得更好的抛掷效果；同时采用集团、线装复合装药结构会提高爆破效果。

马婧佳为了研究抛掷爆破在哈尔乌素露天矿的应用前景，通过与传统的松动爆破—单斗卡车工艺与抛掷爆破—单斗卡车工艺系统对比，从有效抛掷量、工作面布置方式、穿孔爆破、采煤运输系统等多方面论述了抛掷爆破的可行性和经济性。

国内外学者对不同爆破参数对抛掷爆破效果的影响进行了广泛研究，包括孔距、排距、炸药单耗、延期时间、炮孔倾角、台阶高度、采宽、不同装药结构、不同炸药配比及其对抛掷爆破有效抛掷率的影响，用有效抛掷率或最远抛距评价抛掷爆破效果，并根据不同地质条件推荐了爆破参数不同的取值范围，对抛掷爆破技术在矿山的推广具有积极作用。

1.2.3 爆破理论研究中的高速摄影技术

用高速摄影观测爆破过程始于 20 世纪 40～50 年代，此后各国学者运用高速摄影观测技术，就有关爆破引起的应力场、裂隙传播、岩石破碎过程等问题进行了大量分析研究，取得了一些进展。

爆破是一个瞬间的过程，需要对这一高速变化过程进行捕捉，于是高速摄影技术广泛地应用到研究工程爆破领域。国内外众学者利用高速摄影技术研究了基本的爆破鼓包运动的速度分布规律，不同炸药类型对爆破鼓包运动的速度分布规律，不同埋深、炸药单耗、延期时间等爆破参数对爆破鼓包运动规律的影响，还有人利用高速摄影技术观测了水下爆破过程，丰富了高速摄影技术在爆破研究中的应用。

20 世纪 50 年代，我国在露天爆破中就注意收集高速摄影观测资料，其后的历次重大爆破都有高速摄影的录像记录，积累了不少的资料，但直到 20 世纪 70 年代才开始应用于露天矿深孔爆破研究。目前，我国在露天矿深孔爆破高速摄影观测方面取得的成就主要有：室内的模拟试验方面，观察爆破漏斗内部介质的运动规律等；野外现场试验方面，研究了爆破鼓包运动的速度分布规律及抛掷过程等。

1979 年，中科院力学所、冶金部长沙矿冶所、武汉测绘学院等多个研究单位，利用高速立体摄影技术，研究鼓包自由面上岩石速度的分布规律。

20 世纪 80 年代，刘殿中、王中黔等人用黑索今、太安、梯恩梯等 9 种炸药，分成 10 组进行爆破漏斗试验观测，每组进行 3 次，共获得 30 份爆破录像。依据摄影资料，对爆破鼓包运动的速度与形态与炸药性能之间的关系进行了分析。研究发现，炸药性质不同，鼓包运动形态也不同，岩石侧向飞散的形态、移动速度等也各不相同。同时，对鼓包运动速度与抛掷堆积形态的相互关系进行了分析，对爆破的鼓包运动及用弹道理论法计算爆破抛掷堆积的研究提出了建议。

许连坡采用 X 光摄影透视方法研究爆破，对鼓包和空腔运动进行观察，测试了药量相同、埋深不同土中爆破的结果。研究表明，土中爆破鼓包运动过程可以分为两个阶段：（1）应力波在自由边界反射造成岩体运动的阶段；（2）由爆生气体及爆炸空腔附近的介质运动造成的加速运动，这时可能会出现岩石介质二次加速的现象。研究认为加速现象是由反射裂缝与由空腔发出的外行裂缝相互连通造成的。

据日本《工业火药》杂志对 1950—1981 年发表的有关高速摄影的文献统计结果，用于爆破研究的占 50%。高速摄影技术在爆破研究中主要运用在炸药和雷管的性能检测、岩石爆破机理研究、确定最佳爆破孔网参数等方面。

W. L. Fourney 等人利用电火花多次闪光高速摄影机拍摄了模拟台阶倾斜装药爆破过程的动光弹照片，根据照片中不同时间段爆破特征将炸药爆破诱发的动态过程分成了 5 个阶段。

刘殿中等对单个药包的爆破鼓包运动进行了高速摄影，分析了鼓包运动速度和形态与炸药性质之间的关系；陈叶青等采用高速摄影技术对土中的直列药包爆破作用下岩土表面的鼓包运动进行观察，绘制了不同抵抗线下的鼓包运动轮廓线，并研究了鼓包开始时间 t_0 与 $W/\sqrt{q}$ 的联系；时党勇等对钢筋混凝土表面爆破鼓包运动规律进行了观测，并利用 LS-DYNA 程序对爆破过程进行了数值模拟计算，模拟结果与试验结果吻合较好。

中国矿业大学（北京）李清、王汉军、杨仁树对多孔水泥砂浆台阶模型破裂过程进行高速摄影发现，台阶模型爆破后裂纹的扩展历经起裂—扩大—分叉—止裂的过程，裂纹扩展速度可以达到 0.4～0.6m/ms。

西南交通大学刘志基于高速摄影技术对水下爆炸冲击波传播规律进行分析，得出水下爆炸冲击波的波速经历了急剧跃升—震荡衰减—趋于稳定的过程。同一试验条件下，随着炸药量的增加，水下爆炸冲击波波速增长和衰减加快，二次压力波峰值增大。

河南理工大学褚怀保在对钢筋混凝土烟囱爆破拆除过程进行高速摄影后指出，爆破切口形成 3s 过后，烟囱呈倾倒姿态。在随后的转动过程中，烟囱筒壁受破坏出现下坐现象，在 8s 左右烟囱发生折断，上半部分约占烟囱全高的 1/3。

陈庆凯等采用高速摄影对某露天矿台阶爆破进行拍摄，采用专业软件对爆破瞬间和爆破后的影像资料进行处理和分析，得到了该露天矿台阶爆破的坡顶飞石速度、加速度、位移，炮孔填塞物喷射初速度及爆堆范围。进一步分析图像得出，炮孔孔径为 310mm 和 250mm 时，发生冲孔时的飞石最大初速度分别为 253m/s 和 123m/s, 飞石最大初速度小于用经验公式计算所得的值, 满足矿山规定的安全距离。

李显寅等介绍了 APX-PS 型数字式高速相机在爆破器材爆轰过程、爆破产物运动过程、水中爆腔发展过程等爆破方面观测研究的应用情况, 并提出了 APX-PS 型高速相机应用的技术措施, 应用结果表明该相机是目前进行爆破高速观测方面较理想的相机。

1.2.4 爆破理论研究中的数值模拟

河南理工大学梁为民采用 AUTODYNA 有限元程序研究不耦合装药爆炸的粉碎区和裂隙区范围时指出, 采用不耦合方式装药爆破可以增加爆炸应力波和爆轰气体的作用时间, 改善爆破碎块均匀性, 达到提高炸药能量做功效率的目的。

东北大学魏晨慧将爆炸应力波和爆炸气体压力作为动力源加载到孔壁, 采用流固-耦合算法构建了双孔爆破的数值模型。模拟结果表明, 爆炸裂纹的形成与扩展受地应力场束缚作用较大, 岩石中原有的节理裂隙面对裂纹的扩展有导向作用, 可以加快裂纹扩展。

西南科技大学肖正学、郭学彬应用数值计算方法对含软弱夹层边坡爆破的研究得出, 按爆炸作用远近可以将层裂范围分为爆炸空腔区、爆炸压密区及爆炸离析区。压密区和离析区通过改变夹层与覆盖岩层的黏结状态, 进而可能会影响边坡的稳定性。

中国科学技术大学王志亮应用 LS-DYNA 有限元程序模拟了脆性岩石在爆炸作用下的动态力学响应。研究结果表明, TCK 损伤模型不仅可以预测炮孔周边裂隙区范围, 还能对反射波作用于地表所生成的爆破漏斗轮廓做出预测。

加拿大 Mani Ram Saharan 和 Hani S. Mitri 开发了通用的非线性、动态建模程序, 模拟了在以爆轰压力时间曲线为爆炸动力源、朗肯失效材料模型为岩石断裂判断准则情况下的岩石裂纹的发生和扩展行为, 数值模拟结果和现实比较相符。又基于无限元消元法研究了爆破过程中的岩石断裂行为，该方法克服了以往研究方法中需要预设定断裂路径的缺点。数值模拟结果与已有研究成果吻合良好，有望成为提高工程爆破作业质量的有效研究手段。

澳大利亚阿米尔卡比尔理工大学 Zeinab Aliabadia 应用二维离散元程序建立了爆破数值模型，采取在孔壁上加载爆炸应力波的方式添加荷载，使用摩尔-库仑材料模型作为矿岩塑性破坏的判据，研究了爆炸应力波传播过程中岩体破坏和应力分布特征。

韩国首尔大学 Dohyun Park 应用二维 PFC 和三维 AUTODYN 两种程序分别模拟了采取线钻减振措施后地面的振动幅度；同时，通过快速傅里叶变换得到了地面振动的频率分布特征。数值模拟结果表明，在当前各种设计条件下，线钻是一种筛分爆炸应力波的有效举措，对减弱地面振动很有效。

目前，国内外众多学者采用计算机数值模拟技术研究高台阶抛掷爆破，利用 AUTODYNA 有限元程序模拟不耦合装药结构爆炸的裂隙区和粉碎区范围、爆炸应力波传播过程中应力分布、抛掷爆破爆堆的分布范围、爆炸应力波传播时应力与实践的曲线关系……数值模拟技术从不同角度对抛掷爆破进行研究，对抛掷爆破在矿山的应用起到了积极作用。

参考文献

[1] 沈立晋，刘颖，汪旭光. 国内外露天矿山台阶爆破技术[J]. 工程爆破，2004，10(2).

[2] Chironis N P. Efficient stripping new washer build markets[J]. Coal Age, 1962, 67(5): 64-67.

[3] 尚涛，张幼蒂，李克民，等. 露天煤矿拉斗铲倒堆工艺运煤系统优化

选择——露天矿倒堆剥离开采方法系列论文之三[J]. 中国矿业大学学报，2002，31(6)：571-574.

[4] 张幼蒂，傅洪贤，王启瑞.抛掷爆破与剥离台阶开采参数分析[J]. 中国矿业大学学报，2003(1)：27.

[5] 张幼蒂，傅洪贤，王启瑞，等.抛掷爆破与剥离台阶开采参数分析：露天矿倒堆剥离开采方法系列论文之四[J]. 中国矿业大学学报，2003(1)：30-33.

[6] 潘井澜. 北美露天煤矿开采中抛掷爆破法的应用[J]. 世界煤炭技术，1993(10)：19-22.

[7] 李祥龙. 高台阶抛掷爆破技术与效果预测模型研究[D]. 北京：中国矿业大学（北京），2010.

[8] 顾大钊. 相似材料和相似模型[M]. 徐州：中国矿业大学出版社，1995：345.

[9] 基尔斯特略 B. 岩石爆破现代技术[M]. 北京：冶金工业出版社，1983：430.

[10] Sedov L I. Similarity and dimensionality in mechanics[M]. Burlington: Elsevier, 2014.

[11] 许连坡. 关于爆破相似律的一些问题[J]. 爆炸与冲击，1985(4)：1-9.

[12] 杨振声. 工程爆破的模型试验与模型律[J]. 工程爆破，1995，1(2)：1-10.

[13] 马芹永. 模型爆破试验相似材料及相似炸药的确定[J]. 煤矿爆破，1998(2)：8-10.

[14] 马建军，熊祖钊，段卫东，等. 工程爆破模拟试验的相似律[J]. 武汉科技大学学报(自然科学版)，2004，24(2)：170-173.

[15] 马建军，陈付生. 宜阳矿台阶爆破模拟相似律与模型试验研究[J].有色金属，2002，54(3)：113-116.

[16] 周传波. 现场小台阶模型试验的相似理论分析[J]. 爆破，2001，18(4)：4-6.

[17] 秦绍兵. 模型试验在井下中深孔爆破参数优化研究中的应用[J]. 金属矿山, 2001(3): 15-18.

[18] 何晓光, 张敢生. 台阶深孔爆破岩体移动速度的高速摄影研究[J]. 爆破, 2005, 22(1): 38-40.

[19] 何晓光, 张敢生. 台阶深孔爆破岩体位移的高速摄影研究[J]. 爆破, 2005, 22(2): 250-251.

[20] 王慧敏. 大口径钻进软质岩层相似材料模拟研究[D]. 长沙: 中南大学, 2009.

[21] 顾大钊. 相似材料和相似模型[M]. 徐州: 中国矿业大学出版社, 1995.

[22] 左保成, 陈从新, 刘才华, 等. 相似材料试验研究[J]. 岩土力学, 2004, 25(11): 1805-1808.

[23] 王展. 采矿工程相似材料及模型试验研究[J]. 山西建筑, 2011, 37(32): 108-109.

[24] 马建军, 黄宝, 江兵, 等. 地下深孔爆破模拟相似律与模型制作[J]. 中国矿业, 2001, 10(4): 38-41.

[25] 肖杰. 相似材料模型试验原料选择及配比试验研究[D]. 北京: 北京交通大学, 2013.

[26] Ueng Tzou-Shin, Jou Yue-Jan, Peng I-Hui. Scale effect on shear strength of computer-aided-manufactured joints [J]. Journal of Geo Engineering, 2010, 5(2): 29-37.

[27] 卞德存, 杨泽进, 李义. 现场爆破相似模型试验几个问题的研究[J]. 矿业研究与开发, 2013, 33(6): 118-120, 123.

[28] 张志毅, 杨年华, 梁锡武. 深孔爆破实用技术探索与应用[J]. 中国铁道科学, 2002(1): 91-96.

[29] 高荫桐, 谭权, 龚敏. 条形药包与分集药包可比性研究[J]. 煤炭工程, 2004(10): 45-47.

[30] 高荫桐. 定向爆破筑坝设计与计算机模拟[D]. 北京: 北京科技大学,

2005(1)：47-50.

[31] 傅洪贤，李克民. 露天煤矿高台阶抛掷爆破参数分析[J]. 煤炭学报，2006(4)：442-445.

[32] 闫海勇，宋宇辰. 黑岱沟露天煤矿抛掷爆破参数的研究[J]. 内蒙古煤炭经济，2016(22)：127-129.

[33] 薛占山，李玉清，王永德. 露天煤矿高台阶抛掷爆破中多种炸药的配合应用[J]. 露天采矿技术，2013(7)：19-21.

[34] 张国平. 朝阳露天煤矿抛掷爆破可行性研究[J]. 煤炭技术，2014，33(2)：63-66.

[35] 李本平，刘聪，王双利，等. 松散介质抛掷爆破试验研究[J]. 爆破，2010，27(1)：11-13.

[36] 马婧佳. 抛掷爆破在哈尔乌素露天矿应用前景分析[J]. 露天采矿技术，2017，32(6)：5-8.

[37] 言志信. 结构拆除及爆破震动效应研究[D]. 重庆：重庆大学，2002.

[38] 高晓初，黄政华. 应用高速摄影方法确定微差爆破合理间隔时间的初步研究[J]. 矿冶工程，1986(4)：13-17.

[39] 刘殿中，王中黔. 鼓包运动和抛掷堆积[J]. 爆炸与冲击，1983，3(3)：1-9.

[40] 许连坡，金辉，章培德. 土中爆破鼓包运动过程的 X 光摄影研究[J]. 爆炸与冲击，1984，4(2)：31-38.

[41] 周荷英. 国外高速摄影在爆破研究中的应用现状[J]. 爆破器材，1983(2)：39-42.

[42] Fourney W L, Dally J W, Holloway D C. Stress wave propagation from inclined line charges near a bench face[J]. International Journal of Rock Mechanics & Mining Sciences & Geomechanics Abstracts, 1974, 11(10) : 393-401.

[43] 陈叶青，翟欢. 直列装药土中爆炸外部效应的研究[J]. 爆破，1994(1)：69-74.

[44] 时党勇，张庆明，付跃升，等. 内爆炸条件下钢筋混凝土表面鼓包的试验观测和数值分析[J]. 兵工学报，2010(4)：510-515.

[45] 李清，王汉军，杨仁树，等. 多孔台阶爆破破裂过程的模型试验研究[J]. 煤炭学报，2005，30(5)：576-579.

[46] 陈庆凯，孙俊鹏，李松鹏，等. 基于高速摄影的露天矿山爆破效果评价[J]. 爆破，2012，29(3)：31-34，108.

[47] 刘志基. 水下爆炸冲击波的传播特性试验研究[D]. 成都：西南交通大学，2010.

[48] 褚怀保，徐鹏飞，叶红宇，等. 钢筋混凝土烟囱爆破拆除倒塌与受力过程研究[J]. 振动与冲击，2015(22)：183-186，198.

[49] 李显寅，郭学彬，蒲传金，等. APX-RS 型高速相机在爆破方面的应用[J]. 爆破，2010，27(2)：84-87.

[50] 梁为民，Liu Hongyuan，周丰峻，等. 不耦合装药结构对岩石爆破的影响[J]. 北京理工大学学报，2012，32(12)：1215-1218，1228.

[51] 魏晨慧，朱万成，白羽，等. 不同节理角度和地应力条件下岩石双孔爆破的数值模拟[J]. 力学学报，2016，48(4)：926-935.

[52] 黄永辉，刘殿书，李胜林，等. 高台阶抛掷爆破速度规律的数值模拟[J]. 爆炸与冲击，2014，34(4)：495-500.

[53] 肖正学，郭学彬，张继春，等. 含软弱夹层顺倾边坡爆破层裂效应的数值模拟与试验研究[J]. 岩土力学，2009，30(z1)：15-18，23.

[54] 王志亮,郑明新.基于 TCK 损伤本构的岩石爆破效应数值模拟[J]. 岩土力学，2008，29(1)：230-234.

[55] Saharan M R, Mitri H S. A Numerical Approach for Simulation of Rock Fracturing in Engineering Blasting [J]. International Journal of Geotechnical Earthquake Engineering (IJGEE), 2010, 1(2):38-58.

[56] Saharan M R, Mitri H S. Numerical Procedure for Dynamic Simulation of Discrete Fractures Due to Blasting [J]. Rock Mechanics and Rock Engineering, 2008, 41(5):641-670.

[57] Zeinab Aliabadian, Mansour Sharafisafa, Mohammad Nazemi. Simul-
      ation of Dynamic Fracturing of Continuum Rock in Open Pit Mining [J].
      Geomaterials, 2013, 3(3):82-89.

[58] Dohyun Park, Byungkyu Jeon, Seokwon Jeon. A Numerical Study on
      the Screening of Blast-Induced Waves for Reducing Ground Vibration
      [J]. Rock Mechanics and Rock Engineering, 2009, 42(3):449-473.

第 2 章
Chapter 2

台阶抛掷爆破模型试验相似准则的建立

扫码免费加入爆破工程读者圈

既能与行业大咖亲密接触，
又能与同行讨论技术细节。
圈内定期分享干货知识点，
不定期举办音频视频直播。

　　模型试验是解决复杂岩土工程问题的一种十分有效的重要途径，其基础是相似理论。相似理论是指导爆破模型试验的理论依据。根据相似理论建立爆破相似准则，对于不同的爆破在一定条件下如果模型与原型满足几何相似、动力相似和材料相似三个基本条件，因此它们所得的结果也接近相似。因此，在实际工程爆破研究中，人们可通过制作与原型相似的物理模型，并对模型进行爆破试验来模拟现场爆破情况，以此实现爆破结果的定性与定量相结合的分析，探索岩石爆破机理、爆破参数对爆破效果的影响，进而指导工程实践。

　　本章分析了黑岱沟露天煤矿高台阶抛掷爆破运用现状，结合高台阶抛掷爆破设计理论，找出影响抛掷爆破效果的主要因素，根据相似理论确定模型试验应遵循的相似准则，进而根据相似准则确定的相似关系指导后续的模型设计、制作、试验测试和数据整理分析。

2.1　黑岱沟露天煤矿抛掷爆破技术概况

2.1.1　黑岱沟露天煤矿概况

2.1.1.1　黑岱沟露天矿地质条件及开采工艺

　　黑岱沟露天煤矿位于内蒙古自治区鄂尔多斯市准格尔旗东部，地层由上至下为第四系（Q）、第三系（N）、二叠系（P）、石炭系（C）。成煤时代为石炭纪和二叠纪，含煤地层以石炭系为主，二叠系为次。第四系主要为上更新统马兰组（Q_{3m}^{eol}）风积黄土层，其次为全新统（$Q_4^{pl\,dl\,eol}$）冲洪积、残坡积松散砂砾石和风积沙。黄土为粉砂质土，覆盖全区，垂直节理发育，含钙质结核。

露天煤矿的含煤地层主要是上石炭统太原组（C_{3t}），其次是下二叠统山西组（P_{1s}）。主要煤层 6 号煤层位于太原组顶部，上覆地层为山西组。该组平均厚度 57.36m，上部为深灰色细粒、中粒砂岩，夹薄层黑色泥岩、砂泥岩，1 号煤层平均厚度 15~20m；中部为 3 号煤层顶板黏土岩至 5 号煤层顶板粗砂岩夹细、中砂岩，平均厚度 15~20m；下部为深灰色砂泥岩、泥岩，夹 5 号煤层；底部变为粗砂岩（K2 粗砂岩），平均厚度 3~15m。岩层倾角较缓，岩石节理发育，多为两组，一组走向北西 30°，倾向南东，倾角 70°~90°；另一组走向北东 45°，倾向南东，倾角 70°~90°。地质层位特征如图 2-1 所示。

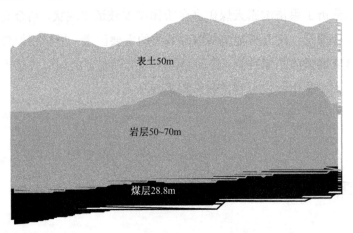

表土50m

岩层50~70m

煤层28.8m

图 2-1　黑岱沟露天煤矿地质特征示意图

黑岱沟露天煤矿设计生产能力原煤 2000 万吨，超产能力系数 1.25。全矿平均剥采比 5.36m³/t，首采区平均生产剥采比 4.5m³/t。开采工艺为综合开采工艺，如图 2-2 所示：上部黄土（约 50m）采用轮斗连续开采工艺，中部岩石（11m）采用单斗—卡车开采工艺，下部岩石（45m）采用抛掷爆破—拉斗铲倒堆开采工艺，煤层采用单斗—卡车—（地面半固定破碎站）带式输送机的半连续开采工艺。

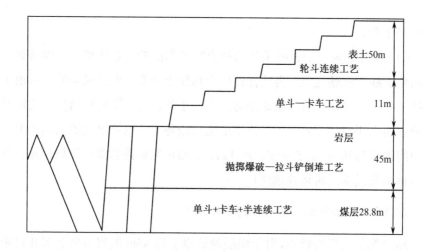

图 2-2　黑岱沟露天煤矿开采工艺示意图

（1）穿孔。使用电力驱动的 DM-H 型牙轮钻机 2 台、DM-H2 型牙轮钻机 4 台、1190E 型牙轮钻机 1 台，柴油驱动的 DM-45 型牙轮转机 2 台。其中，DM-H 型牙轮钻机主要负责岩石台阶松动爆破的穿孔，穿孔直径为 250mm；DM-H2 型牙轮钻机和 1190E 型牙轮钻机主要负责岩石高台阶抛掷爆破穿孔，穿孔直径为 310mm；DM-45 型牙轮钻机主要负责煤台阶松动爆破，穿孔直径为 200mm。

（2）爆破。起爆系统由非电导爆管起爆系统、导爆索-非电导爆管混合起爆系统、电力（数码雷管）起爆系统组成。

非电导爆管起爆系统应用于高台阶抛掷爆破和岩石台阶中深孔松动爆破工程，导爆索-非电导爆管混合起爆系统应用于煤台阶和岩石台阶浅孔松动爆破工程，电力（数码雷管）起爆系统应用于高台阶抛掷爆破和岩石台阶中深孔松动爆破工程。

（3）采装。上部黄土采用轮斗采装，使用两套德国生产的紧凑型轮斗系统；中部上层 20～45m 岩石采用单斗挖掘机采装，使用 395B1 型、TZ2300 型和 WK-35B 型电铲共 8 台；煤层顶板之上约 40m 厚的岩石采用吊斗铲倒堆，使用美国 BUCYRUS 公司生产的 8750-65 型吊斗铲 1 台；采煤使用 WK35B 型电铲 1 台，L1350 型前装机 1 台，992G 型前装机 2 台，WK10B

型电铲 1 台。

（4）运输。轮斗挖掘机采装的黄土经工作面带式输送机在东端帮处汇入两条干线带式输送机，再运往内排土场排土平盘；电铲采装的岩石由卡车经东、西端帮相应的运输通路运往内排土场，或经坑内移动坑线及地面运输道路去阴湾排土场；吊斗铲倒堆无运输环节，电铲采装的原煤由卡车经中间沟至西端帮 1215 水平，经 1215 端帮运输道路将煤运至破碎站，破碎后再由带式输送机运往选煤厂。

2.1.1.2　黑岱沟露天煤矿抛掷爆破技术

结合黑岱沟煤岩特点，对于煤层顶板以上约 45m 的岩石采取深孔台阶抛掷爆破，钻孔直径 280～310mm，最小抵抗线 6.5～8.5m，孔距 9.5～12.5m，排距 6.5～8.5m，炮孔倾斜角度为 75°，钻孔深度为 46.6m，爆破采用多排深孔及孔内微差、孔间微差和排间微差的抛掷爆破方法。为了形成稳定边坡，在采宽内侧布置单排预裂孔（孔距 3m，孔径 160mm）预裂孔的爆破方法采用齐发爆破，且先于倒堆台阶炮孔起爆。主炸药选用铵油炸药，起爆药用 2 号岩石炸药，水孔采用乳化炸药，采用炸药车运药和装药，填塞机充填炮孔，倒堆岩石台阶钻孔布置如图 2-3 所示。

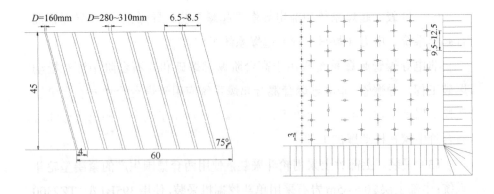

图 2-3　倒堆岩石台阶钻孔布置

对此部分岩石进行抛掷爆破后，再使用联合扩展平台作业方式的拉斗铲进行倒堆作业，其作业平台是推土机推土降段和拉斗铲扩展作业联合形成的，拉斗铲站位于联合扩展平台之上，将剥离物倒入内排土场，拉斗铲中心线投影于煤台阶坡面线上，拉斗铲倒堆作业如图 2-4 所示。

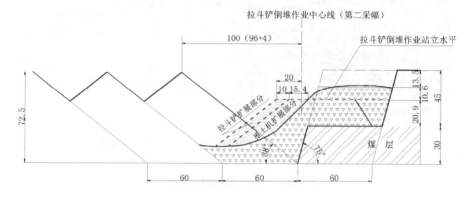

图 2-4　拉斗铲倒堆作业示意图

笔者收集了黑岱沟露天煤矿自 2007 年 3 月 1 日开始第一次抛掷爆破到 2009 年 6 月 18 日期间 30 余次抛掷爆破资料，并进行了详细的统计，利用 MDL 高精度激光扫描仪对抛掷爆破前后采区进行扫描，得到爆堆形态三维数字化图，统计爆堆剖面上的数据信息，并计算出松散系数 ξ 和抛掷率 E_p。

$$\xi = \frac{V_Z}{V_S} \tag{2-1}$$

式中　ξ——松散系数；

　　　V_Z——松散体积，即抛掷爆破破碎岩石体积，m^3；

　　　V_S——实方体积，即抛掷爆破破碎岩石的天然密实体积，m^3。

$$E_p = \frac{V_A}{V_Z} \times 100\% \tag{2-2}$$

式中　E_p——抛掷率，%；

　　　V_A——有效抛掷量，即抛掷到采空区且不需要二次运输的岩石体积，m^3；

V_Z——松散体积，即抛掷爆破破碎岩石的松散体积，m^3。

现场高台阶抛掷爆破情况如图 2-5 所示，部分现场统计结果见表 2-1。

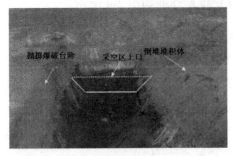
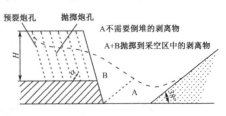

（a）现场图   （b）模拟图

图 2-5　高台阶抛掷爆破示意图

表 2-1　部分现场统计结果

编号	H(m)	W(m)	b(m)	a(m)	q(kg/m³)	V_Z(m³)	V_S(m³)	V_A(m³)	L_m(m)	ξ	E_p(%)
P18-6	43.1	7	7	11	0.67	3979.6	3353.9	1323.9	109.1	1.19	33.27
P22-7	37.5	7	7	11	0.70	3637.4	2994.7	1698.2	131.3	1.21	46.69
P22-9	42.8	7	7	11	0.70	4433.1	3545.6	1848.7	118.6	1.25	41.70
P24-4	37.5	7	7	11	0.78	3829.6	3005.7	1495.5	106.7	1.27	39.10
P21-3	45	6.8	7	11.2	0.66	4727.7	3813.6	1677.5	108.7	1.24	35.48
P21-9	45	7.4	7	11.2	0.66	4199.2	3367.5	1783.9	122.9	1.25	42.48
P27-14	36	8.3	8	11.1	0.74	4198.3	3266.2	1482.1	97.91	1.29	35.30
P21-17	37	7	6.6	10.2	0.66	3605.8	2837.2	1480.4	111	1.27	41.06
P28-7	28	8	8.5	10	0.67	3449.3	3324.1	872.8	93.21	1.038	25.3

2.1.2　高台阶抛掷爆破设计理论

2.1.2.1　抛掷爆破机理

平面药包法是目前已知的爆破方法中能实现最大抛掷效果的爆破方法，理想的平面药包一般理解为药包的长度和宽度比厚度要大得多，在矿山岩石抛掷爆破中，通常以等效的硐室或炮孔装药法来代替。爆破时这种平面装药法每个药包产生的压缩波在一定的距离内叠加成一个波，这个波平行于药包布置平面传播，而且使介质产生与理想平面药包爆破相同的规律而运动。

　　图 2-6 所示为台阶硐室和平面药包爆破，两种装药形式下的药量是相等的，图中虚线和实线分别为硐室药包和平面药包爆破抛掷岩石的运动抛物线。硐室爆破抛出的岩石向各个方向飞散，相当大的一部分岩石遗留在露天矿的境界内，而且硐室爆破需要预先在岩体中开凿装药硐室，因此目前露天矿山主要采用炮孔装药法替代平面装药法的爆破工艺。平面药包爆破下的岩石按照预定方向抛掷成密实体，由于岩石最初飞散方向与平面药包的基面是垂直的，因此根据需要改变药包与水平面的夹角和装药量，爆破的岩石就能够获得所要求的距离和位置。

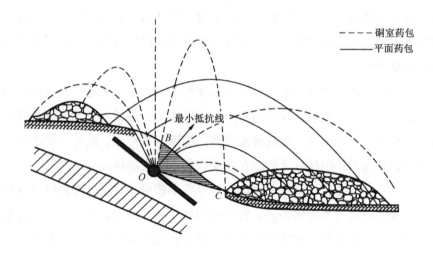

图 2-6　等量药包的平面和硐室爆破时岩石的抛掷方式

　　根据试验和理论研究，可将柱状药包组合成平面药包法的抛掷爆破过程分为岩石破碎阶段和岩石抛掷阶段。

　　（1）岩石破碎阶段。药包起爆后，爆轰波从药包中心向外传播，作用在炮孔壁上，在岩体中产生初始冲击波，使靠近药包一层岩石受到强烈压缩应力作用而破坏，形成粉碎区，并使药室扩大形成爆炸腔。随着冲击波在岩体中传播，其强度迅速下降，变成压缩应力波，径向压缩应力波派生的切向拉应力产生从药室壁面向自由面方向发展的初始径向裂纹；在药包起爆之后，同时产生大量爆生气体，这些爆生气体以相同的速度向各个方向猛烈膨胀，形成了充满整个圆柱体炮孔的柱状气体腔。

初始径向裂纹在爆生气体的准静压及"气楔"作用下向前扩展，岩体内存在的许多微小裂隙在应力波作用下也被激活，裂隙以瑞利波速传播。爆炸应力波到达自由面之后，在自由面发生反射，形成反射拉伸波，并产生两种作用：①在反射波拉应力的作用下岩石表面发生层裂（或隆起）；②反射拉伸波与初始径向裂纹的相互作用，促进了径向裂纹的进一步扩展。

多次反射的冲击波和其次生效应的共同作用使岩体进一步破碎，径向裂纹尖端的拉应力增大，使径向裂纹扩展加速，传播形成裂隙，封闭的裂隙形成一定块度的岩块。气体腔在最后阶段形成鼓包，破碎岩石与药柱呈法线方向和侧面方向被推出，并且岩石移动速度自装药中心向两端逐渐减小并呈放射状飞散。

（2）岩石抛掷阶段。鼓包在爆生气体的推动下不断隆起，并且处于加速状态，直到鼓包破裂，气体腔内的高压气体迅速外泄，当气体腔内的压力等于外界大气压力时，抛掷破碎岩体的加速过程停止，破碎岩块在空气中呈辐射状飞散，但彼此之间还存在碰撞作用，飞散速度有所降低。随着破碎岩块不断向临空面飞散，被爆岩层厚度不断减小，在被爆岩层厚度与单个飞散岩块尺寸相近的瞬间，岩块间的相互碰撞减少，岩块主要受到重力作用，之后便按照弹道运动规律进行抛掷，最终完成抛掷，形成爆堆。

2.1.2.2 高台阶抛掷爆破影响因素

抛掷爆破的抛掷效果评价可以从安全指标、质量指标和经济指标三个方面综合考虑。

（1）安全指标。安全指标包括抛掷爆破作业中的施工安全，爆破过程中爆破对周围环境产生的爆破震动、空气冲击波、个别飞散物、有毒有害气体、噪声和粉尘等有害效应是否控制在允许范围内。

（2）质量指标。质量指标包括抛掷爆破是否能根据设计达到预期的效果，对于抛掷爆破来说，抛掷到采空区的方量越大，需要二次搬运的方量就越少，抛掷效果当然就越好；同时要求爆破破碎的岩体要形成具有一定块度、松散度和形状的爆堆，以方便铲装、运输和倒堆。

（3）经济指标。在保证抛掷率的基础上，选择合理的爆破参数可以降低炸药单耗，提高炮孔利用率，从而降低爆破成本，增加经济效益。

影响高台阶抛掷爆破效果的因素是多方面的，从以上三个评价指标出发，选取松散系数 ξ、抛掷率 E_p 和最远抛距 L_m 作为评价抛掷爆破抛掷效果的量化指标，可将影响抛掷效果的主要因素归结为介质的爆破特性、炸药爆炸特性及爆破参数与工艺。具体来说主要有以下六个方面。

1. 工程地质条件

影响爆破效果的主要工程地质条件包括岩石的物理力学性质、岩体的地质构造、岩石坚固性和可爆性等。

岩石的物理力学性质，特别是岩石的密度、弹性常数、强度极限等影响抛掷效果。在爆破能量和爆破几何条件相同的情况下，爆破时岩石的抛掷率随岩石密度的降低和弹性模量的增高而增大。因为对于弹性模量较小的岩体，受爆破产生的压应力，较大部分的爆破能量被岩体的塑性变形吸收，所以造成爆炸释放的大量能量不能转化成抛掷所需的动能。

岩体的结构面（节理、裂隙、层面及其他薄弱岩面）也会影响抛掷效果。采用抛掷爆破剥离技术的基本条件是岩层水平或缓倾斜，覆盖物的厚度不得小于 11m，覆盖岩石的层理、裂隙不发育，否则，在装药爆炸过程中，大量的爆轰气体将泄漏到空气中，造成爆炸能量的损失，大大降低抛掷效果，甚至不能采用抛掷爆破技术。当主裂隙平行或近平行于自由面时，相邻炮孔间相互作用较大，爆破效果一般较好。

2. 台阶高度 H 与采宽 B

（1）台阶高度对抛掷效果的影响。提高露天矿台阶高度是大型露天矿生产和技术发展的重要趋势。增大台阶高度除了可以通过提高炮孔装药空间而提高炮孔利用率外，还可以延长炮孔中爆生气体的作用时间，从而改善破碎效果。对于抛掷爆破来说，增大台阶高度还可以提高抛掷距离。

对于台阶抛掷爆破，若不计空气阻力的作用，鼓包运动结束后，岩石将以某一初速度沿弹道轨迹运行，直到落地完成堆积。设弹道抛掷初速度为 v_0，岩石抛掷堆积落点位置和初速度 v_0 时刻岩块位置之间的相对高程差为 H'（该高程差并非台阶高度 H，但显然台阶高度越大，其高程差越大），则抛体的抛掷距离 L 为：

$$L = \frac{v_0^2}{2g} \sin 2\varphi \left(1 + \sqrt{1 + \frac{2gH'}{v_0^2 \cos 2\varphi}} \right) \tag{2-3}$$

式中　v_0——抛体弹道飞行初速度，m/s；

　　　φ——初速度与水平方向的夹角，即抛射角，(°)；

由式（2-3）可知，当抛掷初速度和抛射角一定时，抛掷距离随着台阶高度的增大而增大。

（2）采宽对抛掷效果的影响。黑桑德煤矿研究表明，其他条件都相同时，窄采场的最终抛掷率要高于宽采场。也就是说，减小采场宽度是增大抛掷率最简单的方法，但对于抛掷爆破—拉斗铲倒堆开采工艺来说，宽采场又具有再处理率低、煤炭开采损失率低和产能大等优点，因此单纯的抛掷率高并不能代表抛掷爆破效果好。

（3）台阶高度 H 与采宽 B 之比。McDonald 等人在 Rietspruit 露天矿中对抛掷率与炮孔深度、采宽比的关系经过多年试验研究及大量的试验数据统计，于 1982 年发现抛掷量和台阶高度 H（炮孔深度）与采宽 B 之比具有线性关系，如图 2-7 所示。

从图 2-7 得出：当 H/B 增加时，抛掷率也随着增加。当采宽一定时，台阶高度越高，上部覆盖物抛掷量就越大，即抛掷率就越高，那么抛掷单位体积岩体的费用也就越低。矿山通常使用的 H/B=0.4～0.85。当对台阶高度 H、采宽 B 进行设计时，应综合考虑待剥离岩层的厚度、钻孔大小、机械设备及经济效益等因素。

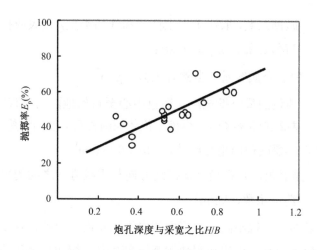

图 2-7　抛掷率和孔深与采宽比的关系

3. 最小抵抗线 *W*

最小抵抗线方向是岩石介质在爆破作用时受到阻力最小的方向，是爆炸冲击波、应力波行程最短的方向，也是爆炸能量损失最小的方向，因此炸药爆炸后被爆介质主要沿着最小抵抗线方向进行抛掷，在最小抵抗线上岩石抛掷最远，而爆堆的分布也近似对称于最小抵抗线的水平投影，通过调节药包最小抵抗线的方向可以实现对爆破岩石运动方向的控制。

根据体积平衡法可知，当对倾斜坡面的岩体进行爆破时，多药包爆破形成的堆积体是由每一个单独药包爆破形成的堆积体的叠加，堆积体的前沿抛距、最高点抛距及质心抛距均与药包的最小抵抗线成正比关系。

以体积平衡法为基础，高荫桐针对上述关于最小抵抗线是否影响抛掷距离的观点进行了试验研究。他分别对单药包前沿抛距和多药包前沿抛距进行分析，按照不同的布药方式、药包大小、炮孔倾角和最小抵抗线等进行了试验研究，通过对试验数据的汇总、整理、对比和分析，发现当布药结构合理时，堆积体的前沿抛掷距离与最小抵抗线存在一定的正比关系。

$$L_m = K_p W \sqrt[3]{K_0 f(n)}(1+\sin 2\varphi) \approx \frac{\gamma}{780} W \sqrt[3]{K_n}(1+\sin 2\varphi) \qquad (2-4)$$

式中　　L_m——前沿抛距，药包中心至堆积体前沿的水平距离，m；

K_p——抛掷系数，取决于岩土性质和炸药类型，查表或按经验公式近似计算，$K_p = \gamma/780$；

γ——岩土介质容重（自然容重），kg/m^3；

W——药包的最小抵抗线，药包中心至自然地面的垂直距离，m；

K_0——标准单位耗药量，爆破单位体积的岩石需要的炸药量，kg/m^3；

$f(n)$——爆破作用指数函数，$f(n)=0.4+0.6n^3$；

φ——抛射角，是指最小抵抗线方向与垂线方向之间的夹角，(°)；

K_n——药量系数，kg/m^3。

研究还表明，抵抗不同，抛掷机理也不尽相同。当抵抗较小时，岩石抛掷初速度较大而且表面岩块很快脱离下部岩体，爆生气体很快散去，岩石抛掷能量主要来自爆炸的内作用；当抵抗增大到一定程度后，爆生气体对表面岩石作用时间增长，抛体抛掷速度主要来自于爆生气体作用；但当抵抗超过某个临界值后，爆炸内作用和爆生气体作用只能使岩体沿着炮孔连线方向形成裂隙而不能形成抛掷。因此，要实现较好的抛掷效果，必须将抵抗控制在一个范围内。

4. 炮孔倾角 β（台阶坡面角 α）

依据弹道理论，当炮台向上倾斜时，炮弹发射的距离比水平发射的炮弹更远。在露天矿抛掷爆破中，这一原理也同样适用，通过采用倾斜炮孔，可提高破碎岩石的抛掷量和抛掷距离，并能使爆破后能够形成更加稳定的台阶边坡，增加采场作业人员和机械设备的安全性。

在设计倾斜炮孔时，炮孔通常与台阶面平行（$\alpha=\beta$，本试验方案设计也遵循此条件），这样使得台阶上下抵抗线长度是相等的，可取得较好的破碎和抛掷效果。马力博士通过建立抛掷爆破模型，分析了水平抛掷距离与炮孔倾角之间的关系，如图 2-8 所示。

水平抛掷距离与炮孔倾角的关系为：

$$S = v_0 \sin\alpha \left[\frac{v_0 \cos\alpha}{g} + \sqrt{\frac{2h}{g} + \left(\frac{v_0 \cos\alpha}{g}\right)^2} \right] \tag{2-5}$$

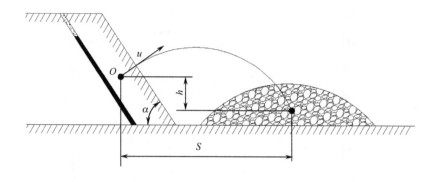

图 2-8　抛掷爆破模型

式中　S ——水平抛掷距离，m；

$\quad\quad v_0$ ——质点初速度，m/s；

$\quad\quad \alpha$ ——台阶坡面角（炮孔倾角），（°）；

$\quad\quad h$ ——质心从抛掷点到落地的垂直距离，m。

假设其他条件一定，则式（2-5）为水平抛掷距离 S 与炮孔倾角 α 的函数。令 $h=30$m，重力加速度 $g=9.8$m/s^2，当炮孔倾角 $\alpha=30°$、$\alpha=45°$、$\alpha=60°$、$\alpha=75°$ 和 $\alpha=90°$ 时，利用 MATLAB 绘制出 S 与 α 的关系曲线，如图 2-9 所示。

从图 2-9 中可以得出：当 $\alpha\in[0,90°]$ 时，S 随着角度的增加先增大后减小，最大值在 45°～60° 之间。

利用垂直炮孔爆破，常常会遇到炮孔底部破碎的问题，由图 2-10 可知，炮孔底部炸药爆炸大约有一半的能量作用在底部岩层中，从而导致能量的损失；另外一半的能量以压缩波的形式在岩石中传播，到达自由面后变成拉伸波对岩石进行破坏。炮孔倾角为 20° 时（见图 2-11），炮孔底部炸药能量的 72% 被利用，利用率比垂直炮孔增加了 22%；炮孔倾角为 45° 时（见图 2-12），炮孔底部炸药的能量 100% 被利用。

通过上述对比，炮孔倾角为 45° 时炮孔底部炸药能量被利用最高，优点最突出。但实际中一般不使用 45° 的倾斜炮孔，因为当炮孔潮湿时，不易把炸药装到孔底。Drummond 矿通过现场试验发现，炮孔与垂直线夹角为 18.8°，即炮孔倾角为 71.2° 时，抛掷效果较好。

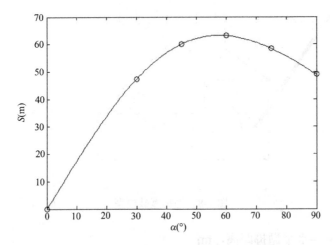

图 2-9　水平抛掷距离 S 与炮孔倾角 α 的关系

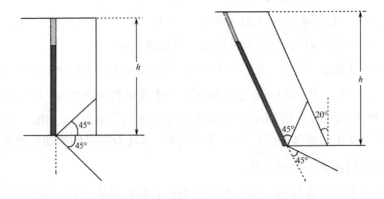

图 2-10　垂直炮孔爆破底部能量分布　　图 2-11　倾斜孔 20°爆破底部能量分布

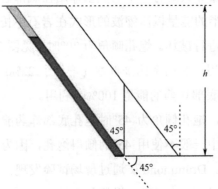

图 2-12　斜孔 45°爆破底部能量分布

5. 孔距和排距

有研究表明,在其他条件一定的情况下,条形药包抛掷爆破存在一个最有利于抛掷的最佳孔距和排距,因此,当对药包的排间距进行的合理的布置时,可大大改善抛掷爆破的效果。

高荫桐通过现场试验发现,其他条件不变时,当孔间距和排距满足 $b=(0.8\sim0.9)a$ 时,岩石的破碎方量、岩石的抛掷方量和抛掷率均获得最大值,抛掷距离也随着 a/b 的减小而减小。

笔者结合黑岱沟露天矿高台阶抛掷爆破,在现场进行了大量的试验,依据岩石台阶高度不同分别对孔距、排距对抛掷率的影响规律进行研究。通过试验研究得出:

(1)排距不变,孔间距增大,爆堆前沿的抛掷距离基本保持不变,而抛掷率随着炮孔密集系数 m 的增大而增大;当 $1.45<m<1.55$ 时,达到最佳抛掷率;当 $m>1.60$ 时,抛掷率开始呈现下降趋势。

(2)在高台阶抛掷爆破中确实存在有利于抛掷的最好的爆孔间距、排距,但是,当台阶高度和炸药单耗等参数不同时,最佳 m 值会存在差异。

6. 炸药类型和炸药单耗 q

爆破作用的荷载是由炸药爆炸提供的,炸药的爆炸性能必然会影响爆破效果。炸药与岩石的匹配关系也会影响爆破效果,研究表明,当岩石的波阻抗等于炸药的波阻抗时,不产生反射波,此时炸药传递给岩石的能量最多,炸药的能量利用率也就最高。因此,在选择炸药时应尽量使炸药和岩石的波阻抗之比 R 接近 1。

$$R = \frac{\rho_b D}{\rho_r c_P} \qquad (2\text{-}6)$$

式中　　$\rho_b D$——炸药波阻抗,炸药密度与爆速的乘积,kg/(m²·s);

　　　　$\rho_r c_P$——岩石波阻抗,岩石密度与纵波速度的乘积,kg/(m²·s)。

在露天矿高台阶抛掷爆破中,应根据现场岩石的性质,选用爆热值高、气体生成量大、爆速爆压不太高的炸药,同时炸药原料来源广泛且成本低廉，目前主要使用铵油（ANFO）和重铵油炸药。

炸药单耗是爆破参数设计中最基本的参数之一。炸药单耗不仅直接影响爆破效果，还关系到生产成本和作业安全。根据能量守恒定理，速度 v_0 和单位炸药消耗量 q 的关系可用式（2-7）表示。

$$\frac{1}{2}\rho_r v_0^2 = qe\eta \tag{2-7}$$

式中　ρ_r——爆破岩石密度，kg/m^3；

　　　e——炸药比能量，J/kg；

　　　η——极限尺寸的平面药包爆破有效作用系数。

根据台阶抛掷爆破的几何关系得出岩石抛掷距离 S 与初速度 v_0 的关系式：

$$v_0 = \sqrt{\frac{1}{2\left(\dfrac{h}{S} + \cot\alpha\right)\sin^2\alpha}gS} \tag{2-8}$$

式中　S——岩石水平抛掷距离，m；

　　　v_0——质点初速度，m/s；

　　　α——炮孔倾角，（°）；

　　　h——质心从抛掷点到落地的垂直距离，m；

　　　g——重力加速度，m/s^2。

将式（2-8）代入式（2-7）得：

$$q = \frac{1}{\left(\dfrac{h}{S} + \cot\alpha\right)\sin^2\alpha} \cdot \frac{\rho_r g}{4e\eta}S \tag{2-9}$$

变换得：

$$S \propto q \tag{2-10}$$

从式（2-10）可以看出，其他条件不变时，岩石水平抛掷距离 S 随着炸药单耗 q 的增加而变大，即炸药单耗越高，岩石水平抛掷距离越远。

实践证明，在其他条件相同的情况下，有效抛掷距离随着炸药单耗增大而增大，同时炸药单耗与炸药的类型也存在密切的关系。当爆破采用高性能炸药（重铵油炸药）时，炸药单耗相对减小；当采用普通炸药时，炸药单耗相对增大。国内外研究结果表明，抛掷爆破采用高能炸药比普通炸药效果好，将高能炸药与普通炸药配合使用爆破效果更好。

传统的抛掷爆破炸药单耗一般为 $0.36\sim0.6\text{kg/m}^3$（多指铵油炸药），对于抛掷爆破来说，炸药除了实现岩石破碎的目的之外还需要提供岩石抛掷的能量，D'Appolonia Engineer 推荐炸药单耗在 $0.65\sim0.68\text{kg/m}^3$ 比较好，前三排作为主要抛掷排，炸药单耗甚至可达 $1.0\sim1.2\text{kg/m}^3$。

2.2　相似基本理论

相似理论是说明自然界和工程中各种相似现象相似原理的学说。它的理论基础是相似三定理。相似三定理是相似模型试验的理论基础，其使用意义在于指导模型试验，科学而合理的设计，最后的试验数据如何进行处理和推广，在特定的情况下，由处理后的数据，建立微分方程的方程。以相似理论为指导，100 多年来人们在探索自然规律的过程中，已形成一种具体研究自然界和工程中各种相似现象的新方法，即所谓"相似方法"。1829 年柯西对振动的梁和板、1869 年付鲁德对船、1883 年雷诺对管中液体的流动及 1903 年莱特兄弟对飞机机翼的试验研究，都是用相似方法解决问题的早期实例。

2.2.1　相似第一定理

相似第一定理也称为相似正定理，于 1848 年由法国的 J. Bertrand 建立，该定理阐述的是相似现象具有的性质，即相似现象的相似准则相等，相似指标等于 1，且单值条件（uniquity conditions）相似。其中，相似准则指的是：在彼此相似的两个系统中，存在数值不变的组合量，这个组合量就称为"相似准则";单值条件是个别现象区别于同类现象的特征,包括几何条件(geometrical condition)、物理条件(physical condition)、边界条件(boundary condition)及初始条件(initial condition)等。

相似第一定理可表述为:对相似的现象其相似指标等于 1。或表述为:对相似的现象,其相似准则的数值相同。这一定理实际是对相似现象相似性质的一种说明,也是现象相似的必然结果。那么,什么是相似现象的相似性质呢。

相似现象能用文字上完全相同的方程组描述。其中大多数的物理现象的关系方程又可以用微分方程的形式获得。例如,质点运动的运动方程和力学方程分别为:

$$v = \frac{dl}{dt} \tag{2-11}$$

$$f = m\frac{dv}{dt} \tag{2-12}$$

用来表征这些现象的一切物理量在空间相对应的各点和在时间上相对应的各瞬间各自互成一定的比例关系。如以角标"'"、"""表示两个现象发生在同一对应点和同一对应时刻的同类量,参考式(2-11)和式(2-12)则有:

$$\left. \begin{array}{l} \dfrac{l''}{l'} = c_l \\[2mm] \dfrac{t''}{t'} = c_t \\[2mm] \dfrac{v''}{v'} = c_v \\[2mm] \dfrac{m''}{m'} = c_m \\[2mm] \dfrac{f''}{f'} = c_f \end{array} \right\} \tag{2-13}$$

式中,c_l, c_t, c_v, c_m, c_f 均为相似常数。

各相似常数不能任意选择,它们要服从于某种自然规律的约束。与相似常数不同，相似准则是指一个现象中的某一量（无量纲综合数群），它在该现象的不同点上具有不同的数值，但当这一现象转变到与它相似的另一现象时，则在相对应点和相对应时刻上保持相同的数值。

这种差别是容易理解的。对于任意两相似现象，如果把每一相似常数都理解成代表某一物理量在特定情况下的相似系统，则在该特定情况下，每个单一物理量的相似系统都必然通过把这些物理量总合在一起的相似准则所代表的相似点上。由于这个点只能是一点，而相似准则所得数值也只同这一相似点相符，故不能将此值扩展到此两相另外的相似点上。相似准则与相似常数比较，其重要性在于它是总合地而不是个别地反映单个因素的影响，所以能更清楚地显示出过程的内在联系。当用相似第一定理指导模型研究时，首先重要的是导出相似准则，然后在模型试验中测量所有与相似准则有关的物理量，借此推断原型的性能。但这种测量与单个物理量泛泛的测量不同。由于它们均处于同一准则之中，故在几何相似得以保证的条件下，可以找到各物理量相似常数间的倍数（或比例）的关系。模型试验中的测量，就在于以有限试验点的测量结果为依据，充分利用这种倍数（或比例）关系，而不着眼于测取各物理量的大量具体数值。

当现象的相似准则数超过一个，问题的讨论便进入了相似第二定理的范畴。

2.2.2 相似第二定理

相似第二定理也称"π 定理"，由美国人 J. Buckingham 于 1914 年建立。它可以描述为：如果两个系统现象相似，描述这个现象的各个参量之间的关系可以转化成相似准则之间的函数关系，而且相似现象的相似准则函数关系式也相同。它是指导整理试验数据、建立试验方程的理论依据。

设一个物理系统可用 n 个物理量表示，其中有 k 个物理量的量纲是相互独立的，那么物理过程可转换成参数 $x_1, x_2, \cdots, x_k, x_{k+1}, x_{k+2}, \cdots, x_n$ 之间的函数关系，即：

$$f(x_1, x_2, \cdots, x_k, x_{k+1}, x_{k+2}, \cdots, x_n) = 0 \qquad (2\text{-}14)$$

式（2-14）中的 $x_1, x_2, \cdots, x_k$ 是基本量，$x_{k+1}, x_{k+2}, \cdots, x_n$ 是导出量，因此相似准则有 $(n-k)$ 个。

由于任何物理方程中的各项量纲都是齐次的，因此式（2-14）可以转换为无因次的相似准则方程：

$$F(\pi_1, \pi_2, \cdots, \pi_{n-k}) = 0 \qquad (2\text{-}15)$$

式（2-15）称为准则关系式或 π 关系式，式中的相似准则称作 π 项。

严格意义上说，当 n 个物理量中有 j 个物理量 $x_1, x_2, \cdots, x_j$ 为无量纲参量时（如摩擦系数 μ、台阶坡面角 α 等），式（2-15）表示为：

$$F(\pi_1, \pi_2, \cdots, \pi_{n-k-j}, x_1, \cdots, x_j, \overbrace{1,1,\cdots,1}^{k \uparrow}) = 0 \qquad (2\text{-}16)$$

在实践中 $x_1, x_2, \cdots, x_j$ 也视作 π 项，而 π 关系式中的 π 项在模型试验中有自变量和因变量之分，假设式（2-15）和式（2-16）中因变量项为 π_1，则可将该二式改写为：

$$\pi_1 = F(\pi_2, \pi_3, \cdots, \pi_{n-k}) \qquad (2\text{-}17)$$

$$\pi_1 = F(\pi_2, \cdots, \pi_{n-k-j}, x_1, \cdots, x_j) \qquad (2\text{-}18)$$

基本量纲的对应物是导出量纲。导出量纲是由基本量纲推导出来的。这样，包括量纲相互独立的物理量在内，只要量纲是组合的，都是导出量纲。相似第二定理是十分重要的。但是，在它的指导下，模型试验结果能否正确推广，关键又全在于是否正确地选择了与现象有关的参量。对于一些复杂的物理现象由于缺乏微分方程的指导，就更是如此。

相似第二定理给相似模型试验结果的推广提供了理论依据，但是，必须以正确地选择与现象相关的参量为前提，才能将模型试验的结果正确地推广到原型。

2.2.3 相似第三定理

相似第三定理也称为"相似逆定理"，由苏联 M. B. 基尔比契夫于 1930 年建立，可表述为："对于同一类物理现象，如果单量相似，而且由单位量所组成的相似准则在数值上相等，则现象相似。"所谓单值量，是指单值条件中的物理量。单值条件包括几何条件（或空间条件）、介质条件（或物理条件）、边界条件和起始条件（或时间条件）。现象的各种物理量，实质都是由单值条件引出的。下面以流体为例说明各种单值条件的意义。

（1）几何条件。许多具体现象都发生在一定的几何空间内，所以，参与过程的物体的几何形状和大小作为一个单值条件提出。例如，流体在管内流动，应给出管径 d 和管长 l 的具体数值（特解，下同）。

（2）介质条件。许多具体现象都是在具有一定物理性质的介质参与下进行的。所以。参与过程的介质，其物理性质应列为一种单值条件。例如，根据流体运动时的可压缩性程度及温度特征，应给出介质密度 ρ、黏度 μ 的具体数值或物理参数随温度而变的函数关系。

（3）边界条件。许多具体现象都必然受到与其直接为邻的周围情况的影响，因此，发生在边界的情况也是一种边界条件。例如，管道内流体的流动现象直接受进口、出口处流速大小及其分布的影响，因此应给出进口、出口处流速的平均值及其分布规律，而在不等温流动情况下，还应给出进口、出口处温度的平均值及其分布规律。

（4）起始条件。许多物理现象，发展过程直接受起始状态的影响。就流体而言，流速、温度、介质性质于开始时刻在整个系统内的分布及特点直接影响以后的过程。因此除稳定过程外，都要把起始条件当作单值条件加以考虑。

不一定每一种现象都会用到这四种单值条件，这要由现象的具体情况来确定。相似第三定理由于直接同代表具体现象的单值条件相联系，并且强调了单值量相似，因此显示出了它在科学上的严密性。这是因为，它既照顾到单值量变化的特征，又不会遗漏掉重要的物理量。

但在实际工程中，要使原型与模型完全满足相似第三定理的要求是非常困难的，甚至是不可能的，可根据研究对象的特点，合理解释影响现象的主要因素，抓住影响现象的主要因素，忽略不必要研究的次要因素，使模型试验的研究得以实现，这种方法称为近似模化。合理选择影响因素是近似模化能否成功应用的关键，虽然不能保证所有的条件都满足相似，但只要保证主要因素之间相似，那么其研究结果的准确度一般能满足工程实际的要求。

相似三定理是现代模型试验的理论基础。在进行模型试验时，首先应该根据相似第三定理，分析清楚所讨论物理过程的单值条件，并找出最具决定意义的物理参量；然后，根据相似正定理建立它们的相似准则，对于有多个准则的情况，还要简化、合并，力求找出具有决定意义的一两个准则，据此进行模型设计；最后，通过模型试验，对试验数据按 π 定理要求整理成准则式之间的函数关系，这样，试验结果才能推广到相似系统中。

2.3 台阶抛掷爆破模型试验相似准则推导

2.3.1 相似准则推导方法

相似准则的导出方法主要有定律分析法、方程分析法和量纲分析法三种。从理论上来说，三种方法都能得到相同的结果，只是用不同的方法来对物理现象（或过程）做数学上的描述，但它们各有特点和适用对象。

2.3.1.1 定律分析法

定律分析法要求人们对所研究的现象充分运用已经掌握的全部物理定律，并能辨别其主次。一旦这个要求得到满足，问题的解决并不困难，而且还可获得数量足够的、反映现象实质的 π 项。这种方法的缺点是：流于就事论事，看不出现象的变化过程和内在联系，故作为一种方法，缺乏典型意义；由于必须找出全部物理定律，因此对于未能全部掌握其机理的、较为复杂的物理现象，运用这种方法是不可能的，甚至无法找到它的近似解；常常会有一些物理定律，对于所讨论的问题表面看去关系并不密切，但又不宜妄加剔除，而必须通过试验找出各个定律间的制约关系，决定哪个定律对问题说来是重要的，因此就在实际上为问题的解决带来不便。

2.3.1.2　方程分析法

这里所说的方程主要是指微分方程，此外也有积分方程，积分-微分方程，它们统称为数理方程。这种方法的优点是：

（1）结构严密，能反映对现象说来最为本质的物理定律，故可指望在解决问题时结论可靠。

（2）分析过程程序明确，分析步骤易于检查。

（3）各种成分的地位一览无遗，有利于推断、比较和校验。

但是，也要考虑到一些问题：

（1）在方程尚处于建立阶段时，需要人们对现象的机理有很深入的知识。

（2）在有了方程以后，由于运算上的困难，也并非任何时候都能找到它的完整解；或者只能在一定的假设条件下找出它的近似解，从而在某种程度上失去了原本的意义。

2.3.1.3　量纲分析法

所说的量纲分析法，是在研究现象相似性问题的过程中，对各种物理量的量纲进行考察时产生的。其理论基础，是关于量纲齐次的方程的数学理论。π 定理一经推导出，便不再局限于带有方程的物理现象。这时根据正确选定的参量，通过量纲分析考察其量纲，可求得和 π 定理一样的函数关系式，并据此进行相似现象的推广。量纲分析的这个优点，对于一切机理尚未弄清楚、规律也未曾充分掌握的复杂现象来说，尤为明显。

为了正确地制定出试验方案和整理试验数据，并通过运用获得理想的试验结果，在试验之前第一步就是对所研究的问题进行定性分析，确定影响原型试验效果的主要因素，然后再利用理论分析的方法得出物理模型，并把研究中所涉及的物理量组合成无量纲参数，最后将这些涉及无量纲的参数加以组合形成函数表达式。试验之前的这种定性分析和无量纲参数选取的方法称为量纲分析法。

在进行相似模型研究的试验方案设计、试验数据和结果的整理及推广时，需求得所研究现象的相似准则。求出相似准则的方法有多种，常用的有相似转换法、矩阵法、因次分析法三种。本书用因次分析法推导相似准则。

因次分析法的具体分析步骤如下：

（1）列出与研究现象相关的全部物理量 $x_1, x_2, \cdots, x_n$，写出现象函数式：

$$f(x_1, x_2, \cdots, x_n) = 0 \tag{2-19}$$

（2）写出 π 项式：

$$\pi = x_1, x_2, \cdots, x_n \tag{2-20}$$

（3）选定组成基本组 $x_1, x_2, \cdots, x_n$ 的 k 个参数的物理量；

（4）把各物理量纲代入式（2-20），列出因次（量纲）等价式；

（5）依据量纲齐次原则，对应写出物理量指数之间的联立方程；

（6）求解物理量指数之间的联立方程，得出 $n-k$ 个互相独立的 π 项，这 $n-k$ 个 π 项即为全部所需的相似准则。

定律分析法要求人们对研究的现象有充分认识，并能辨别其主次影响因素；方程分析法需要以得到现象的数理方程（主要指微分方程、积分方程或积分-微分方程）为分析前提；量纲分析法是在研究现象相似性问题的过程中，对各种物理量的量纲进行考察时产生的，该方法不需要对现象的认识达到将其用数学方程式表达出来的程度，只需要正确选定能表示现象的参量，再考察其量纲，就可求得和 π 定理一致的函数关系式。因此，量纲分析法目前应用较为广泛，特别是在对于一些复杂现象的探索试验中。

2.3.2 模型试验相似准则推导

在建立相似模型并进行相似模型试验之前，首先，必须弄清楚原型的整个过程，并对原型进行分析；其次，通过抓住主要的物理现象，确定影响研究现象的主要参数和主要无量纲量，使模型的该无量纲量与原型一致，该无量纲量称为相似参数；最后，根据研究机理，选择出相互独立的物理量，以此建立相似参数。

2.3.2.1　台阶抛掷爆破的单值条件

单值条件是将个别现象从一类现象中区分开来的条件，明确物理现象的单值条件也是模型试验的第一步，根据抛掷爆破理论，台阶抛掷爆破的单值条件通常包括：

（1）几何条件，即描述现象所发生的空间的几何形状，也可理解为其边界坐标互成比例 $\left(\dfrac{x_p}{x_m} = \dfrac{y_p}{y_m} = \dfrac{z_p}{z_m} = C_1 \right)$。对于台阶抛掷爆破则主要指炮孔直径 d_b、炮孔深度 L_b、孔距 a、抵抗线长度（排距）$W(b)$、台阶高度 H、采宽 B、碎块的最远抛掷距离 L、炮孔倾斜角度 β、临空面的形状，以及临空面与重力场的关系等。

（2）物理条件，即现象中涉及的介质的物理力学性质。对于台阶抛掷爆破而言，被爆岩土的密度 ρ_r、抗压强度 σ、弹性模量 E、波阻抗 $\rho_r c_p$，甚至岩土被节理、裂隙的切割情况及其表现的各向异性也应考虑。

（3）边界条件，即边界的约束条件和荷载条件。台阶抛掷爆破主要是指爆破排面的夹制作用、排面两侧对应力波的传递条件、爆破空间的补偿条件及排面在各向异性介质中的方位等。由于加载系统是以爆炸荷载为特征，因此还要涉及炸药的爆破参数，如炸药的密度 ρ_b、爆速 D、单耗 q 等。

（4）初始条件，即起始状态的影响。抛掷爆破主要指装药结构的耦合情况、起爆系统及起爆能量、起爆药包的位置及传爆方向、炮孔对爆轰波的约束条件、爆孔填塞位置和填塞质量等。

最终，笔者选取了 17 个能描述台阶抛掷爆破的单值：炮孔直径 d_b、炮孔深度 L_b、孔距 a、抵抗线长度 W（排距 b）、台阶高度 H、采宽 B、台阶坡面角 α、矿岩的密度 ρ_r、抗压强度 σ、弹性模量 E、波阻抗 $\rho_r c_p$、炸药的密度 ρ_b、爆速 D、单耗 q、时间 t、重力加速度 g，待求量为碎块

的最远抛掷距离 L 。

2.3.2.2　模型试验相似准则推导

用量纲分析法求相似准则的理论依据是上文提到的 π 定理（相似第二定理）。根据 π 定理，整个抛掷爆破相似系统主要参数可用式（2-21）描述。

$$f\left(d_{\mathrm{b}},L_{\mathrm{b}},a,W(b),H,B,\alpha,\rho_{\mathrm{r}},\sigma,E,\rho_{\mathrm{r}}c_{\mathrm{P}},\rho_{\mathrm{b}},D,q,t,g,L\right)=0 \qquad （2-21）$$

采用力系统进行量纲分析（以长度量纲[L]、时间量纲[T]、力量纲[F]作为基本量纲系统），可得到表 2-2 所示的参数量纲。

表 2-2　参数量纲

条件	参数名称	符号表示	量纲分析
几何条件	炮孔直径	d_{b}	L
	炮孔深度	L_{b}	L
	孔　距	a	L
	抵抗线长度（排距）	$W(b)$	L
	台阶高度	H	L
	采　宽	B	L
	炮孔倾斜角度	β	1
	矿岩的最远抛掷距离	L	L
物理条件	矿岩密度	ρ_{r}	$FL^{-4}T^{2}$
	矿岩抗压强度	σ	FL^{-2}
	矿岩弹性模量	E	FL^{-2}
	矿岩波阻抗	$\rho_{\mathrm{r}}c_{\mathrm{P}}$	$FL^{-3}T$
	时　间	t	T
	重力加速度	g	LT^{-2}
边界条件	炸药的密度	ρ_{b}	$FL^{-4}T^{2}$
	炸药爆速	D	LT^{-1}
	炸药单耗	q	$FL^{-4}T^{2}$

用 $a_1,a_2,\cdots,a_{17}$ 分别表示 $d_{\mathrm{b}},L_{\mathrm{b}},\cdots,L$ 的指数，量纲矩阵见表 2-3。

表 2-3　量纲矩阵

基本量纲	a_1	a_2	a_3	a_4	a_5	a_6	a_7	a_8	a_9	a_{10}	a_{11}	a_{12}	a_{13}	a_{14}	a_{15}	a_{16}	a_{17}
	d_b	L_b	a	$W(b)$	H	B	β	L	ρ_r	σ	E	$\rho_r c_P$	t	g	ρ_b	D	q
F	0	0	0	0	0	0	0	1	1	1	1	1	0	1	0	0	0
L	1	1	1	1	1	1	0	-4	-2	-2	-3	-4	1	-4	0	1	1
T	0	0	0	0	0	0	0	2	0	0	2	2	-1	2	1	-2	0

选取 d_b、ρ_r 和 g 为基本量纲，则可得到式（2-22）所示的 3 个线性代数方程：

$$\begin{cases} a_1 = -a_2 - a_3 - a_4 - a_5 - a_6 - a_9 - a_{10} - \dfrac{1}{2}a_{11} - \dfrac{1}{2}a_{13} - \dfrac{1}{2}a_{15} - a_{17} \\ a_8 = -a_9 - a_{10} - a_{11} - a_{12} - a_{14} \\ a_{16} = -a_9 - a_{10} - \dfrac{1}{2}a_{11} - \dfrac{1}{2}a_{13} + \dfrac{1}{2}a_{15} \end{cases} \quad (2\text{-}22)$$

将方程组转化为 π 矩阵，继而得到 14 个独立的相似准则，如式（2-23）所示：

$$\pi_1 = \frac{L_b}{d_b},\ \pi_2 = \frac{a}{d_b},\ \pi_3 = \frac{W}{d_b},\ \pi_4 = \frac{H}{d_b},\ \pi_5 = \frac{B}{d_b},\ \pi_6 = \beta,\ \pi_7 = \frac{\sigma}{d_b \rho_r g},$$

$$\pi_8 = \frac{E}{d_b \rho_r g},\ \pi_9 = \frac{(\rho_r c_p)^2}{d_b \rho_r^2 g},\ \pi_{10} = \frac{\rho_b}{\rho_r},\ \pi_{11} = \frac{D^2}{d_b g},\ \pi_{12} = \frac{q}{\rho_r},\ \pi_{13} = \frac{t^2}{d_b g},$$

$$\pi_{14} = \frac{L}{d_b}$$

$$(2\text{-}23)$$

那么式（2-17）可写成：

$$\pi_{14} = F(\pi_1, \pi_2, \pi_3, \pi_4, \pi_5, \pi_7, \pi_8, \pi_9, \pi_{10}, x_{11}, \pi_{12}, \pi_{13}, \beta) \quad (2\text{-}24)$$

由此可见，在台阶抛掷爆破中，影响爆破抛掷效果（用最远抛掷距离 L 来评判）的无量纲组合的主要因素有 13 个，其中 $\pi_1 \sim \pi_6$ 是设计模型尺寸的依据，$\pi_7 \sim \pi_{13}$ 是选择相似材料与相似炸药的依据。

2.4　台阶抛掷爆破模型试验相似常数的选取

设各选定参数 d_b、L_b、a、$W(b)$、H、B、β、ρ_r、σ、E、$\rho_r c_p$、ρ_b、D、q、t、g、L 的相似比为原型参数与模型参数之比，符号分别用 C_{d_b}、C_{L_b}、C_a、C_b、C_H、C_B、C_β、C_{ρ_r}、C_σ、C_E、$C_{\rho_r c_p}$、C_{ρ_b}、C_D、C_q、C_t、C_g、C_L 表示，下标"o"表示原型参数，下标"m"表示模型参数，则：

$$C_{d_b} = \frac{d_{bm}}{d_{bo}}, \quad C_{L_b} = \frac{L_{bm}}{L_{bo}}, \quad \cdots, \quad C_L = \frac{L_m}{L_o} \qquad (2\text{-}25)$$

式（2-25）中的相似准则给模型试验的设计提供了依据，但在设计中发现众多的相似准则难以同时满足，甚至出现了冲突和不统一的地方，因此只能考虑将近似模化，抓住现象的主要矛盾，略去次要因素。岩土爆破是炸药与被爆岩土相互作用的一个复杂过程，不仅涉及岩体和炸药的理化性质，还应考虑炸药和被爆岩体的配合过程。因此，在模型试验设计之前应该选取合适的几何相似常数，材料相似常数和爆破动力相似常数。

■ 2.4.1　模型试验的材料相似

选取合适的相似材料是模型试验成功的前提之一，但目前尚无法人工制作各项性能均与天然岩土完全一致的模型材料，因而材料相似只能近似满足。在爆破理论模型试验及露天矿台阶爆破模拟试验的长期实践中，以水泥、石膏和河砂为配方制作的水泥砂浆模型已得到广泛应用，而材料的相似指标则可考虑材料的单轴抗压强度 σ 和材料的密度 ρ_r，材料相似比 η 按式（2-26）或式（2-27）计算。

$$\eta = \frac{\sigma_{\mathrm{m}}}{\sigma_{\mathrm{o}}} = C_{\sigma} \tag{2-26}$$

$$\eta' = \frac{\rho_{\mathrm{rm}}}{\rho_{\mathrm{ro}}} = C_{\rho_{\mathrm{r}}} \tag{2-27}$$

2.4.2　模型试验的几何相似

　　几何相似条件是相似模拟试验中原型和模型应满足的基本条件之一，一般情况下，模型的尺寸应尽可能地遵循几何相似准则，对于复杂模型尺寸不能完全遵循几何相似准则，而应通过各因素综合对比分析，在不影响试验结果的前提下可适当调整模型的部分尺寸。高台阶抛掷爆破模型几何相似应综合考虑各种因素，包括作业困难度、施工技术和施工成本等，模型太大则作业困难，制作成本高；太小施工技术上不能实现，因此应综合考虑实际情况及试验条件合理确定几何相似比。文献推荐模型缩尺以炮孔直径 d_{b} 作为基本量，即模型尺寸相似比与炮孔直径相似比相等（$C_l = C_{d_{\mathrm{b}}}$），试验采用外径为 6mm 的雷管，因此模型炮孔直径 d_{bm} 设计为 6mm，而原型中炮孔直径 d_{bo} 是 310mm，因此，几何相似比 $n = d_{\mathrm{bm}} / d_{\mathrm{bo}} = 6/310 \approx 1/51.6$，为方便计算，几何相似比 n 取整数 1/50，这是进行高台阶抛掷爆破模型尺寸设计最基本的相似比。

$$C_L = \frac{L_{\mathrm{m}}}{L_{\mathrm{o}}} = n \tag{2-28}$$

由 $\pi_{11} = \dfrac{D^2}{d_{\mathrm{b}} g} = n$ 可得：

$$C_D^2 = C_{d_{\mathrm{b}}} C_g = C_{d_{\mathrm{b}}} \left(\frac{D_{\mathrm{m}}^2}{D_{\mathrm{o}}^2} = \frac{d_{\mathrm{bm}}}{d_{\mathrm{bo}}} \right) \tag{2-29}$$

则

$$\frac{D_{\mathrm{m}}}{D_{\mathrm{o}}} = \sqrt{\frac{d_{\mathrm{bm}}}{d_{\mathrm{bo}}}} = \sqrt{n} \tag{2-30}$$

　　由于模型尺寸是确定的，而实际原型岩体边界却是无限的，因此模型与原型在边界条件方面无法满足几何相似的原则，但可以采取相应的措施，使得模型试验结果误差尽可能减小，控制在允许范围之内。其主要的方法有：

（1）在可行的情况下，适当增加模型尺寸，特别是模型装药点与边界的最小距离要远比爆破的最小抵抗线大。

（2）对模型的边界进行加强约束，在模型装药点的位置与边界的距离大于最小抵抗线的同时，条件允许的情况下，对模型设置无间隔的强力约束效果更好，如采用钢板或其他坚硬的材料紧紧固定在模型周围，以增强模型边界抵抗破坏的能力。

由于爆速与抛掷速度量纲相同，模型的抛掷速度 v_m 与原型的抛掷速度 v_o 之比为：

$$\frac{v_m}{v_o} = \frac{D_m}{D_o} = \sqrt{n} \tag{2-31}$$

2.4.3 模型试验的爆破动力相似

试验中模拟炮孔的直径为 6mm，此值远小于原型现场抛掷爆破使用的铵油炸药的药包临界直径，故选择药包临界直径较小的黑索今（RDX）作为试验用药，并保证装药密度在 25g/m，使用电子雷管轴向引爆。黑索今爆力值 A_{RDX} 为 480mL，原型掷爆破现场使用的铵油炸药的爆力值 A_{ANFO} 为 300～315mL，换算系数 $K = {A_{ANFO}}/{A_{RDX}}$ =300/480=0.625。

由 $\pi_{12} = \dfrac{q}{\rho_r}$ 可得：

$$C_q = C_{\rho_r} \left(\frac{q_m}{q_o} = \frac{\rho_{rm}}{\rho_{ro}} \right) \tag{2-32}$$

则

$$q_m = \frac{\rho_{rm}}{\rho_{ro}} q_o \tag{2-33}$$

考虑铵油炸药和黑索今之间的爆力换算系数，模型试验中的黑索今单耗按式（2-34）计算。

$$q_{\text{试(RDX)}} = k \frac{\rho_{\text{rm}}}{\rho_{\text{ro}}} q_{\text{实（ANFO）}} = k\eta' q_{\text{实（ANFO）}} \tag{2-34}$$

式中　$q_{\text{试(RDX)}}$——模型试验中黑索今单耗，g/cm^3；

　　　　$q_{\text{实（ANFO）}}$——原型实际生产中铵油炸药单耗，g/cm^3。

2.5　模型试验的畸变

在模型试验中，如果模型设计完全按照相似第二定理进行，即原型中的各个物理量满足式（2-17），模型试验中各相应物理量满足：

$$\pi_{1m} = F(\pi_{2m}, \pi_{3m}, \cdots, \pi_{(n-k)m}) \tag{2-35}$$

且模型与原型中的各独立 π 项双双相等，亦即满足如下模型设计条件：

$$\left. \begin{aligned} \pi_{2m} &= \pi_2 \\ \pi_{3m} &= \pi_3 \\ &\vdots \\ \pi_{(n-k)m} &= \pi_{(n-k)} \end{aligned} \right\} \tag{2-36}$$

这样的模型叫作"真实模型"（这时所选参量正确且全面），或叫作"近似真实模型"（这时参量选择均正确但不够全面）。

但实际情况下，特别是当现象复杂时，真实模型往往是难以真正实现的。如果在全部独立 π 项中，有一个或几个起支配作用的模型设计条件不能满足，甚至不能近似满足，那么就会引起模型预测结果的变异（$\pi_{1m} \neq \pi_1$），则需要用一个预测系数 δ 来对结果做出修正，这种模型便叫作"畸变模型"。

$$\delta = \frac{\pi_1}{\pi_{1m}} \tag{2-37}$$

由相似准则 $\pi_7 = \dfrac{\sigma}{d_b \rho_r g}$ 可得，相似材料与原型的单轴抗压强度 σ、密度 ρ_r 和几何相似比 n 之间应满足：

$$\frac{\sigma_{\mathrm{m}}}{d_{\mathrm{bm}}\rho_{\mathrm{rm}}g} = \frac{\sigma_{\mathrm{o}}}{d_{\mathrm{bo}}\rho_{\mathrm{ro}}g} \tag{2-38}$$

即：

$$n = \frac{d_{\mathrm{bm}}}{d_{\mathrm{bo}}} = \frac{\sigma_{\mathrm{m}}}{\sigma_{\mathrm{o}}} \cdot \frac{\rho_{\mathrm{ro}}}{\rho_{\mathrm{rm}}} \tag{2-39}$$

但在相似材料的配制中，很难同时对单轴抗压强度和密度进行调节，因此相似材料强度（或密度）的畸变，必然会对最终的最远抛距和抛掷速度带来畸变，畸变系数 K 可按式（2-40）计算。

$$K = \frac{\dfrac{\sigma_{\mathrm{m}}}{\sigma_{\mathrm{o}}} \cdot \dfrac{\rho_{\mathrm{ro}}}{\rho_{\mathrm{rm}}}}{\dfrac{d_{\mathrm{bm}}}{d_{\mathrm{bo}}}} = \frac{\dfrac{\sigma_{\mathrm{m}}}{\sigma_{\mathrm{o}}} \cdot \dfrac{\rho_{\mathrm{ro}}}{\rho_{\mathrm{rm}}}}{n} \tag{2-40}$$

那么，原型和模型试验最远抛掷距离的关系可按式（2-41）进行修正：

$$L_{\mathrm{o}} = \frac{L_{\mathrm{m}}}{n} \cdot \frac{1}{K} \tag{2-41}$$

同理，式（2-31）应修正为：

$$v_{\mathrm{o}} = \frac{v_{\mathrm{m}}}{\sqrt{nK}} \tag{2-42}$$

2.6　本章小结

本章首先对准格尔黑岱沟露天矿现场抛掷爆破技术的运用进行了介绍，根据对现场爆破情况的分析，找到了影响高台阶抛掷爆破效果的主要因素；然后基于相似理论，对台阶抛掷爆破的单值条件进行了分析，选取了 17 个能描述台阶抛掷爆破的单值，再根据 π 定理运用量纲分析法推导出了高台阶抛掷爆破模型试验应该遵循的相似准则，并对模型试验相似常数进行分析和选取，分析了模型试验中的畸变。

（1）根据黑岱沟露天矿高台阶抛掷爆破现场条件，分析了影响高台阶抛掷爆破效果的主要因素有：工程地质条件、台阶高度 H 与采宽 B、最小抵抗线 W、炮孔倾角 β（台阶坡面角 α）、孔距 a、排距 b、炸药类型和炸药单耗 q 等。

（2）基于相似理论，结合爆破设计理论，对台阶抛掷爆破的单值条件从几何条件、物理条件、边界条件、初始条件四个方面进行了分析，最终选取了炮孔直径 d_b、深度 L_b、孔距 a、倾斜角度 β，抵抗线长度（排距）$W(b)$，台阶高度 H，采宽 B，矿岩的密度 ρ_r、抗压强度 σ、弹性模量 E 和波阻抗 $\rho_r c_p$，炸药的密度 ρ_b、爆速 D、单耗 q，时间 t，重力加速度 g，待求量为矿岩的最远抛掷距离 L 等 17 个单值量对台阶抛掷爆破进行描述。

（3）依据 π 定理，运用量纲分析法推导出了抛掷爆破模型试验应该遵循的相似准则，确定了模型试验的几何相似常数 n、材料相似常数 η 和爆破动力相似常数，并分析了模型试验的畸变情况，给出了从模型试验到原型的最远抛距和岩块抛掷速度的预测公式［见式（2-41）和式（2-42）］，为模型试验结果的推广提供了依据。

参考文献

[1] 马军，郭昭华. 露天煤矿应用抛掷爆破技术研究[J]. 露天采矿技术，2005（5）：47-49.

[2] 尚涛，张幼蒂，李克民，等. 露天煤矿拉斗铲倒堆工艺运煤系统优化选择——露天矿倒堆剥离开采方法系列论文之三[J]. 中国矿业大学学报，2002（6）：571-574.

[3] 张幼蒂，傅洪贤，王启瑞. 抛掷爆破与剥离台阶开采参数分析[J]. 中国矿业大学学报，2003（1）：27.

[4] 傅洪贤，李克民. 露天煤矿高台阶抛掷爆破参数分析[J]. 煤炭学报，2006（4）：442-445.

[5]　李守君，宋富国. 高台阶抛掷爆破质量分析[J]. 露天采矿技术，2010（1）：26-27.

[6]　王平亮，周伟，杨海春，等. 高台阶抛掷爆破作用机理研究及应用[J]. 中国煤炭，2011（4）：55-58.

[7]　Chironis N P. Efficient stripping new washer build markets[J]. Coal Age, 1962, 67（5）：64-67.

[8]　潘井澜. 北美露天煤矿开采中抛掷爆破法的应用[J]. 世界煤炭技术，1993（10）：19-22.

[9]　边克信，刘殿中. 条形药包抛掷爆破的试验和设计方法[J]. 金属矿山，1983（5）：20-23.

[10]　张奇. 爆破抛掷初速度的数值计算[J]. 有色金属（矿山部分），1992（4）：33-36.

[11]　Dehghan Banadaki M M, Mohanty B. Numerical simulation of stress wave induced fractures in rock[J]. International Journal of Impact Engineering, 2012, 40-41: 16-25.

[12]　Choi B, Ryu C, Deb D, et al. Case study of establishing a safe blasting criterion for the pit slopes of an open-pit coal mine[J]. International Journal of Rock Mechanics and Mining Sciences, 2013, 57: 1-10.

[13]　Fakhimi A, Lanari M. DEM-SPH simulation of rock blasting[J]. Computers and Geotechnics, 2014, 55: 158-164.

[14]　张勇. 黑岱沟露天煤矿高台阶抛掷爆破分析[J]. 露天采矿技术，2008，15（5）：43-52.

[15]　高荫桐，李江国，施建俊，等. 高台阶抛掷爆破技术的试验研究[C]//第九届全国工程爆破学术会议论文集，2008: 239-242.

[16]　李克民，郭昭华，张勇. 露天矿抛掷爆破技术研究及应用[M]. 北京：煤炭工业出版社，2011.

[17]　顾大钊. 相似材料和相似模型[M]. 徐州：中国矿业大学出版社，1995: 345.

[18] 基尔斯特略 B. 岩石爆破现代技术[M]. 北京：冶金工业出版社，1983：430.

[19] Sedov L I. Similarity and dimensionality in mechanics[M]. Burlington: Elsevier, 2014.

[20] 许连坡. 关于爆破相似律的一些问题[J]. 爆炸与冲击，1985（4）：1-9.

[21] 杨振声. 工程爆破的模型试验与模型律[J]. 工程爆破，1995（2）：1-10.

[22] 左保成，陈从新，刘才华，等. 相似材料试验研究[J]. 岩土力学，2004（11）：1805-1808.

[23] 苏伟，冷伍明，雷金山，等. 岩体相似材料试验研究[J]. 土工基础，2008（5）：73-75.

[24] 崔广心. 相似理论和模型试验[M]. 徐州：中国矿业大学出版社，1990.

[25] 李冬成. 岩土模型试验相似设计[J]. 湖南交通科技，2011，37（2）：11-12.

[26] Pierson WJ, Moskowitz. L. A proposed spectral form of fully developed wind seas based on the Similarity theory of S A Kitaigoro dskii [J]. Journal of Geophysical Research, 1964, 69（24）：5181-5190.

[27] Foken T. 50 years of the Monin-Obukhov similarity theory [J]. Boundary-Layer Meteorology, 2006,119:431-447.

[28] Sellers E, Furlney J, Onederra I, et al. Improved understanding of explosive-rock interactions using the hybrid stress blasting model [J]. Journal of the South African Institute of Mining and Metallurgy, 2012, 112（8）：721-728.

[29] Abdellah Hafsaoui, Korichi Talhi. Instrumented Model Rock Blasting [J]. Journal of Testing and Evaluation a Multidisciplinary Forum for Applied Sciences and Engineering, 2011, 39（5）：842-846.

[30] 罗文泉，叶霜. 模型实验的相似方法[J]. 工业加热，1999（1）：17-19.

[31] 卞德存，杨泽进，李义. 现场爆破相似模型试验几个问题的研究[J]. 矿业研究与开发，2013（6）：118-120.

[32] 蔡正，潘文. 基于正交设计模型相似材料配比试验研究[J]. 低温建筑技术，2015（11）：1-4.

[33] 陈子扬，赵其华，彭社琴，等. 深卸荷成因机理物理模拟试验相似材料研究[J]. 长江科学院院报，2014（9）：93-98.

[34] 董金玉，杨继红，杨国香，等. 基于正交设计的模型试验相似材料的配比试验研究[J]. 煤炭学报，2012（1）：44-49.

[35] 耿晓阳，张子新. 砂岩相似材料制作方法研究[J]. 地下空间与工程学报，2015（1）：23-28.

[36] 关振长，龚振峰，陈仁春，等. 基于正交设计的岩质相似材料配比试验研究[J]. 公路交通科技，2016（9）：92-98.

[37] 况联飞，陈国舟，王涛. 不同剪切模量砂岩的相似材料配比设计[J]. 地下空间与工程学报，2012（6）：1173-1177.

[38] 赖建英，刁心宏. 基于正交设计的膨胀岩相似材料试验研究[J]. 兰州理工大学学报，2014（4）：131-135.

[39] 李光，徐佩华，陈占岑，等. 动力学相似材料配比试验研究[J]. 工程地质学报，2015（4）：654-659.

[40] 李瑞林，石高鹏，李军. 模型试验土体相似材料关键技术及研究现状[J]. 能源技术与管理，2012（4）：1-2.

[41] 李文杰，葛毅鹏，张芳芳. 基于相似理论的相似材料配比试验研究[J]. 洛阳理工学院学报（自然科学版），2013（1）：7-12.

[42] 李媛，王永岩. 沥青砂混合料新型软岩相似材料的试验研究[J]. 青岛科技大学学报（自然科学版），2014（5）：510-513.

第 3 章
Chapter 3

台阶抛掷爆破模型试验相似材料的选择

扫码免费加入爆破工程读者圈

既能与行业大咖亲密接触，
又能与同行讨论技术细节。
圈内定期分享干货知识点，
不定期举办音频视频直播。

模型试验结果的准确性与模型、原型相似条件的满足程度有着非常重要的关系，因此，相似材料的选择及相似材料各组成成分之间的配比关系，成为模型试验重要因素之一。通过第 2 章的分析可知，相似材料模拟爆破过程的实质是用与原型物理力学材料性质相似的人工材料按几何相似常数缩制成大小合适的模型。为了尽可能精确地找到模拟原型的模型材料，本章通过建立相似准则，确定出模型与原型的相似关系，采用河砂、碎石、石膏、水泥、水等相似材料成分按照不同配比制作了标准试件，通过力学试验获得各配比相似材料的密度、抗压强度、弹性模量、波阻抗等物理力学参数；通过单孔爆破漏斗试验找到模型试验炸药单耗与现场实际炸药单耗的关系，最终结合各相似材料的力学性质和爆破漏斗试验结果选取了合适的模型材料配比。

3.1 黑岱沟露天煤矿被爆岩石物理力学性质

相似模型试验是在对原型进行详细分析的基础上，结合量纲分析理论，采用相似材料根据原型的性质制造出模型，因此对原型岩性特征的分析非常重要。本次模拟试验的现场原型是准格尔黑岱沟露天煤矿煤层上覆岩层。原型岩层包含的岩石有砂砾岩、砂岩、泥岩、石灰岩和白云岩等，主要岩石为砂岩和泥岩。

3.1.1 现场的岩性特征

黑岱沟露天矿地层由上至下分别为第四系（Q）、第三系（N）、二叠系（P）、石炭系（C）。根据物理力学性质，黑岱沟露天煤矿地层由上至下分为三层，分别为表土层、岩层和煤层。其中，上部黄土（约 40m）采用轮斗连续开采工艺，中部岩石采用单斗—卡车开采工艺，下部岩石（45m）采用抛掷爆破—拉斗铲倒堆开采工艺，煤层采用单斗—卡车—（地面半固定破碎站）带式输送机的半连续开采工艺。

表土层（松散层）主要由风积沙、黄土和红土组成，其物理力学性质如下：

（1）风积沙，自然坡角 27°～32°，最大可达到 36°，粒径 0.05～0.10mm 之间，是表土层的主要构成物，含量占 64.2%～91.54%。

（2）黄土，湿密度 1.51～1.96g/cm³，干密度 1.37～1.72g/cm³，含水量 6.1%～14.6%，孔隙比 0.555～0.978，内摩擦角 14.6°～18.6°。

（3）红土，湿密度 1.74～2.03g/cm³，干密度 1.15～1.69g/cm³，含水量 12.2%～20.9%，孔隙比 0.619～0.748，内摩擦角为 12.6°～30°。

黑岱沟露天矿煤层上覆岩层的岩石有砂砾岩、砂岩、泥岩和石灰岩等，其各岩石的主要物理力学参数见表 3-1。由黑岱沟露天煤矿开采工艺可知，煤矿煤层顶板以上平均约 45m 岩体采用抛掷爆破技术进行开采，其余表土层和煤层采用松动爆破。因此，该 45m 岩体即是模拟岩体。

表 3-1 岩石物理力学参数

岩石类别	比重 Δ（g/cm³）	密度 γ（g/cm³）	内摩擦角	抗压强度（MPa）	黏聚力 C（MPa）
砂砾岩	2.66～2.72	2.12	38°15′～41°15′	9.02～29.72	3.24～8.63
粗砂岩	2.68～2.71	2.21～2.26	35°07′～39°00′	21.87～26.68	5.30～9.51
中砂岩	2.58～2.69	2.25～2.47	35°07′～37°02′	8.14～46.49	7.16～8.92
细砂岩	2.60～2.75	2.36～2.46	31°24′～36°14′	38.25～48.94	10.10～15.30
粉砂岩	2.65～2.70	2.44～2.51	29°22′～41°05′	37.07～38.93	12.28～16.97
泥岩	2.56～2.81	2.44～2.94	35°38′	15.40～39.72	6.67
砂泥岩	2.53～2.66	2.46～3.41	33°59′～36°15′	25.99～43.25	6.57～10.00
黏土岩	2.61～2.64	2.42～2.59	37°34′～38°07′	24.22～50.80	2.45～9.12
石灰岩	2.84	—	45°00′～82°53′	10.00～14.32	—

岩石类别	抗剪强度（MPa）			普氏硬度系数 f
	45°	30°正应力	30°剪应力	
砂砾岩	24.03～39.13	4.41～9.91	7.55～17.16	2.04～4.15
粗砂岩	23.05～28.54	5.79～8.63	9.81～14.91	3.40～3.93
中砂岩	25.60～42.76	7.85～10.89	13.63～18.83	1.93～5.52
细砂岩	33.54～37.17	9.41～13.53	16.28～23.54	4.95～5.67
粉砂岩	28.93～36.78	10.59～12.85	18.24～22.16	4.57～4.77
泥岩	26.77	7.26	12.55	2.81～4.99
砂泥岩	20.59～29.32	7.55～8.73	13.04～15.10	3.71～5.05
黏土岩	10.10～46.19	2.35～9.51	4.12～16.48	3.74～5.90
石灰岩	—	—	—	8.1

黑岱沟露天煤矿的含煤层平均厚度 57.36m，上部为深灰色细粒、中粒砂岩，夹薄层黑色泥岩、砂泥岩，1 号煤层平均厚度 15～20m；中部为 3 号煤层顶板黏土岩至 5 号煤层顶板粗砂岩夹细、中砂岩，平均厚度 15～20m；下部为深灰色砂泥岩、泥岩，夹 5 号煤层底部变为粗砂岩，平均厚度 3～15m。

3.1.2 模拟岩体的物理力学性质

根据对黑岱沟露天矿地质资料的分析，模拟的岩体主要由砂砾岩、砂岩和泥岩组成。其中，岩体主要组成物砂岩（包括砂砾岩、粗砂岩、中砂岩、细砂岩和粉砂岩）和泥岩的物理力学参数见表 3-2 和表 3-3。

表 3-2 现场泥岩物理力学参数

岩 样	密度 (kg/m³)	内摩擦角	黏聚力 (MPa)	抗压强度 (MPa)	普氏硬度系数 f	平均波速 (m/s)
泥 岩	2650	35°38′	6.67	27.56	3.10	3744

表 3-3　现场砂岩物理力学参数

岩　样	密　度 （kg/m³）	内摩擦角	黏聚力 （MPa）	抗压强度 （MPa）	普氏硬度系数 f	平均波速 （m/s）
粉砂岩	2480	35°13′	14.63	38.00	4.67	3226
细砂岩	2410	33°19′	12.70	43.60	5.31	2724
中砂岩	2360	36°04′	8.04	27.31	3.72	2360
粗砂岩	2240	37°04′	7.41	24.28	3.66	2302
砂砾岩	2120	39°65′	5.94	19.37	3.10	1586

根据研究者对黑岱沟露天煤矿现场岩体波速测试，得出泥岩岩体波速为 1273m/s，砂岩岩体波速为 796～1118m/s，取平均值得 957m/s。

由现场测试岩体的波速和岩石密度的乘积，可得岩体波阻抗为：

（1）泥岩岩体波阻抗为 $1273\text{m/s} \times 2650\text{kg/m}^3 = 3.37 \times 10^6 \text{kg/(m}^2\cdot\text{s)}$；

（2）砂岩岩体波阻抗为 $957\text{m/s} \times 2380\text{kg/m}^3 = 2.27 \times 10^6 \text{kg/(m}^2\cdot\text{s)}$；

（3）砂岩、泥岩和黏土交错岩体波阻抗为 $944\text{m/s} \times 2470\text{kg/m}^3 = 2.33 \times 10^6 \text{kg/(m}^2\cdot\text{s)}$。

根据各岩层的物理力学性质，通过取平均值的方法，得出模拟岩体的岩性指标，见表 3-4。

表 3-4　现场模拟岩体岩性指标

密　度 （kg/m³）	内摩擦角	黏聚力 （MPa）	抗压强度 （MPa）	普氏硬度系数 f	波阻抗 [kg/(m²·s)]
2380	36°07′	9.23	30.02	3.93	$2.27 \times 10^6 \sim 3.37 \times 10^6$

3.2　台阶抛掷爆破模型试验的材料选择

3.2.1　相似材料的选择原则

为了使相似材料尽可能精确地模拟原型，材料的选取应尽可能地满足下列要求：

（1）均匀、各向同性；

（2）材料的力学性能较为稳定，不易受温度、湿度等外部环境的影响；

（3）相似材料的主要物理力学性质满足相似原理的要求，主要表现在相似材料的强度相似于原型岩体；

（4）模型制作简单，凝固时间短，便于养护和测试；

（5）原料来源广，价格便宜；

（6）配制的相似混合料应无毒无害。

3.2.2 模型所需材料的确定

模型通常由几种材料按一定的比例混合配制而成，组成模型材料的原料可分为骨料和胶结材料两种。如河砂、碎石及煤渣等为骨料，水泥和石膏等为胶结材料。当采用石膏作为主要胶结材料时，通常加入适量的硼砂作为缓凝剂。

3.2.2.1 常见几种材料的主要性能介绍

（1）砂（河砂）：采用自然级配普通河砂，单位体积质量 1.44g/cm³，通常河砂含水率为 3%。

（2）碎石：石子直径需小于 7mm，一般情况石子含水率为 1%。

（3）水泥：水泥作为一种水硬性材料，不仅在水中能硬化，也可以在空气中继续增加强度，且强度高，是一种常用的胶结材料。水泥的抗压强度大大超过抗拉强度，拉伸和压缩比在 1/8～1/20（具脆性）之间，因此人们可以通过改变水泥标号的方式来调节模型的拉压比，以满足相似比例。

（4）石膏：采用普通石膏粉，单位体积质量为 0.94g/cm³，其抗压强度为 5MPa，抗拉强度比抗压强度为 1/4。熟石膏凝结、硬化快，仅 5min 左右就可达到初凝，为主要胶结材料时可适量添加硼砂作为缓凝剂。

（5）硼砂：硼砂是作为缓凝剂来使用，以延长相似材料的硬化时间。硼砂主要成分为四硼酸钠，白色晶体，成颗粒状或粉末状，易溶于水。

3.2.2.2　可行的相似材料组合

笔者对前人成果进行研究,认为以下两种常用的模型材料可行。

(1) 水泥、石膏、砂混合材料:以砂为骨料,石膏、水泥为胶结材料,由于其制作简单,材料来源广泛。有研究表明,其材料的脆性、应力应变过程与岩石比较接近,调节材料配比可模拟较大的强度范围,能模拟岩石物理力学特征,且其材料的破坏过程与岩石的破坏特征基本相似,也经弹性阶段、弹塑性阶段,最后达到脆性破坏阶段,因此能够较好地满足模型试验的要求。目前,国内外研究学者常用此材料模拟岩石受力及破坏情况。余永强、褚怀保等学者利用水泥、石膏为主要胶结材料,砂子为骨料配合珍珠岩粉、发泡剂和碎煤等材料模拟了 4 种不同强度的煤体,以黑索今作为起爆炸药进行了爆破漏斗模型试验,研究了煤体中爆破参数的合理选择。

(2) 水泥砂石混合材料:以水泥为胶结材料,采用不同粒径的砂、碎石为骨料,水为稀释剂制作成一种轻质混凝土砂浆混合材料,适用于浇筑不同比例尺寸、强度较大的模型。瑞典学者进行模型爆破研究后,认为"在混凝土模型中进行爆破与在中等强度的均质岩石中所进行的爆破,在爆破效果上是相一致的"。马建军教授采用水泥和砂混合制成小型水泥砂浆台阶模型,对两种不同爆破方案进行模拟试验,并对可能产生的失真及弥补方法进行探讨,试验结果表明采用模型试验选定较优方案是可行的。

3.3　相似材料的选配

3.3.1　相似材料的强度范围确定

根据相似准则 $\pi_7 = \dfrac{\sigma}{d_b \rho_r g}$ 和 $\pi_{11} = \dfrac{D^2}{d_b g}$,得:

$$C_\sigma = C_\rho C_D^2 \tag{3-1}$$

即模型试验材料的抗压强度 σ_m 为：

$$\sigma_m = \frac{\rho_m}{\rho_o}\left(D_m \Big/ D_o\right)^2 \sigma_o \tag{3-2}$$

式中　σ_m——模型介质的抗压强度，MPa；

　　　ρ_m——模型的密度，kg/m³；

　　　ρ_o——原型岩体的密度，kg/m³；

　　　D_m——模型使用炸药的爆速，m/s；

　　　D_o——现场使用炸药的爆速，m/s；

　　　σ_o——原型岩体的抗压强度，MPa。

根据《普通混凝土配合比设计规程》（JCJ 55—1000），以水泥作为胶结材料时，普通混凝土砂浆模型材料的密度在 2420～2440kg/m³；以水泥石膏作为主要胶结模拟材料，密度约为 2000kg/m³。

根据相似准则 $\pi_7 = \dfrac{\sigma}{d_b \rho_r g}$ ，得出材料相似比为 $C_\sigma = C_\rho C_{d_b}$ ，即模型的抗压强度为：

$$\sigma_m = \frac{\rho_m}{\rho_o}\frac{d_{bm}}{d_{bo}}\sigma_o \tag{3-3}$$

式中　d_{bm}——模型的炮孔直径，6mm；

　　　d_{bo}——原型的炮孔直径，310mm。

根据相似准则 $\pi_9 = \dfrac{(\rho_r c_P)^2}{d_b \rho_r^2 g}$ 和 $\pi_{11} = \dfrac{D^2}{d_b g}$ 得模型介质的波阻抗的相似比为：

$$C_{\rho_r c_p} = \frac{C_\rho}{C_D} \tag{3-4}$$

即模型介质的波阻抗为：

$$(\rho_r c_P)_m = \frac{D_m \rho_m}{D_o \rho_o}(\rho_r c_P)_o \tag{3-5}$$

式中　$(\rho_r c_P)_m$——模型介质的波阻抗，kg/(m²·s)；

　　　$(\rho_r c_p)_o$——原型岩体的波阻抗，$(\rho_r c_p)_o$ =2.2×106～3.44×106kg/(m²·s)。

3.3.2　相似材料的配比设计

根据被模拟的现场原型岩体强度，确定相似材料的抗压强度范围 1.0～20.0MPa，进行相似材料的配合比设计。由于强度变化范围较大，此次试验分别取抗压强度约为 1MPa、5MPa、10MPa、15MPa 和 20MPa 五种强度进行材料的质量配合比设计。

（1）水泥石膏砂混合材料。以模型制作的可行性与方便性为原则，采用水泥和石膏作为主要胶结材料来制作 1MPa 和 5MPa 两种强度的模型，相似材料质量配合比见表 3-5，试验模型采用的材料由强度为 32.5 的普通硅酸盐水泥、石膏、河砂和水组成。

表 3-5　水泥、石膏为胶结物的材料质量配比

试验编号	水泥	石膏	河砂	碎石（<7mm）	抗压强度（MPa）	密度（kg/m³）
1 号	1.00	0.33	4.89	4.89	1.00	2000
2 号	1.00	0.45	3.82	3.82	5.00	2000

采用水泥和石膏作为主要胶结材料，当石膏含量大于 11％时，相似材料的凝结时间由石膏决定，但是，石膏凝结、硬化快，初凝时间仅 5min 左右，因此需加入缓凝剂对凝结时间加以控制。有研究表明，当选用硼砂作为缓凝剂，其浓度为 0.8％～1％时，初凝时间可提高到 15～20min。因此，在模型制作时，添加硼砂溶液作为缓凝剂，其浓度控制在 1％左右。在试验之前，先将硼砂与水混合制成所需浓度的硼砂溶液。

（2）水泥砂石混合材料。依据《普通混凝土配合比设计规程》（JCJ 55—1000），严格设计规程，确定相似材料的配比，将材料的抗压强度设计为 10MPa、15MPa 和 20MPa 三种强度等级。其中胶结材料为水泥，材料采用标号为 32.5 的普通硅酸盐水泥、河砂、碎石（<7mm）和水按一定的比例混合组成，设计的 3 种抗压强度对应的强度等级分别为 C10、C15 和 C20，具体相似材料的质量配比见表 3-6。

表 3-6　水泥为胶结物的材料质量配比

试验编号	水泥	河砂	碎石(<7mm)	水	强度等级	密度（kg/m³）
3 号	1.00	3.24	5.80	0.70	C10	2420
4 号	1.00	2.29	3.90	0.63	C15	2425
5 号	1.00	2.03	3.63	0.60	C20	2430

3.4　相似材料试件的物理力学性能测定

3.4.1　试件制作

严格按照确定的五种材料配比，用边长尺寸为 100mm 的标准模具，制作边长为 100mm 的正方体标准试件。5 种材料配比对应制作成 5 组标准试件，每一组各制作 3 块标准试件试样，其各块标准试件与爆破漏斗相似模拟试验模型一一对应。

标准试块模型的制作过程如下：

（1）根据确定的配比，计算每次试验中河砂、碎石、水泥、石膏及用水的用量（精度为：骨料±1%、硼砂±0.5%），其中 1 号和 2 号控制式样密度在 2000kg/m³ 左右，3 号～5 号控制式样密度在 2400kg/m³ 左右。

（2）准备标准模具，在模具内均匀涂抹机油。

（3）将砂、水泥和石膏按用量均匀混合，加入定量的浓度为 1% 的硼砂溶液，均匀搅拌 2～3min。

（4）向模具内一次装满混合好的材料，装料时用拌刀沿试模内壁略加插捣，装好后振动捣实，迅速压缩至所需容重体积。

（5）标准试件达到初凝的 2～3 天后脱模，平摊放在平整的地板上与漏斗模型在相同的条件下进行养护，养护不少于 28 天。

（6）每组试件分别进行编号，养护达到预期强度后，对标准试样分别进行物理力学试验。各组试块如图 3-1 所示。

（a）1 号标准试件

（b）2 号标准试件

（c）3 号标准试件

（d）4 号标准试件

（e）5 号标准试件

图 3-1　1 号～5 号标准试件模型

3.4.2　物理力学性能测定及结果

本次试验测取的物理力学参数涉及的项目有：

（1）试件密度试验；

（2）试件波速的测定，获取的试验数据包括试件的纵波波速及波阻抗；

（3）试件强度试验，通过试验获取试件的单轴抗压强度、应力-应变曲线、弹性模量、泊松比和破坏荷载。

3.4.2.1　试件的密度

待试件充分干燥后，在实验室利用电子秤称量试件的质量。试件为标准试件，其尺寸为 100mm×100mm×100mm，可由式（3-6）计算其密度 ρ，这里指的密度为自然密度。密度计算公式为：

$$\rho = \frac{m}{V} \tag{3-6}$$

式中　m——标准试件的质量，kg；

　　　V——标准试件的体积，m^3。

根据式（3-6）计算出各个试件的密度，其密度见表 3-7。

表 3-7　试件密度

试件编号	密度（kg/m³）			
	试件 1	试件 2	试件 3	平均值
1 号	1827	1834	1830	1831
2 号	1945	1949	1938	1944
3 号	2026	2018	2016	2020
4 号	2047	2062	2049	2053
5 号	2092	2089	2094	2091

根据以上的试验数据结果可以得出：

（1）采用水泥石膏砂混合材料制作的试件 1 号和 2 号与采用水泥砂石混合材料制作的试件 3 号、4 号和 5 号相比，前者试件的密度明显小于后者。主要是因为胶结材料不同，1 号和 2 号试件是以水泥和石膏作为胶结材料，3 号、4 号和 5 号试件是以单一的水泥作为胶结材料。由于水泥和石膏作为胶结材料凝固后的密度要小于水泥作为胶结材料凝固后的密度，因此 1 号和 2 号的试件密度小于 3 号、4 号和 5 号的试件密度。

（2）同一种材料制作的试件，其密度与所添加材料的配比有很大关系。当胶结材料的配比较大时，其密度也相对增大，如 2 号试件密度大于 1 号试件密度，5 号试件密度大于 4 号试件密度大于 3 号试件密度。

（3）相同的材料配比，其试件密度与所添加的材料密度和制作工艺有很大关系。因此，按设计制作而成的密度均小于设计时的密度。

3.4.2.2　试件波速的测定及结果

此次主要是为了测试标准试块的纵波波速，通过波速计算出试件的波阻抗。试验采用武汉中科智创岩土技术有限公司（原中国科学院武汉岩土力学研究所）的 RSMSY5 型数字式超声波仪。RSMSY5 型声波仪外观如图 3-2 所示，标准试件的波速测试如图 3-3 所示。

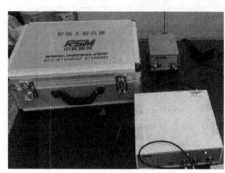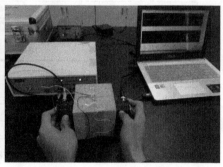

图 3-2　RSMSY5 型声波仪　　　　　图 3-3　试件波速测试

RSMSY5 非金属声波仪的工作原理为：在电脑上安装好 RSMSY5 型非金属超声波检测仪配备的通用性操作软件，通过电脑控制声波仪。按要求连接仪器，设定好初始参数后，点击采样按钮，声波仪发出高压电脉冲，电脉冲通过发射探头传入模型试件介质中，由接收探头接收通过试件传出的声信号，测出超声波在试件中传播的时间及距离，从而算出超声波在试件中的传播速度。RSMSY5 声波仪的工作示意图如图 3-4 所示。

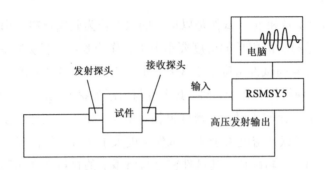

图 3-4 RSMSY5 声波仪的工作示意图

为了尽量降低试验结果误差，在试验过程中采用凡士林作为耦合剂，将少许凡士林均匀涂在试件两侧，将探头紧靠涂抹凡士林处，且对称面探头保持在同一水平线上，使两个探头与试件充分耦合。测试开始，等波形图形稳定后读数，以第一个波的波峰作为读数点，部分试件纵波测试结果如图 3-5 所示。

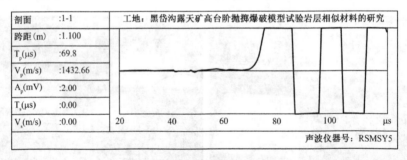

（a）试件 1-1 纵波波速（1433m/s）

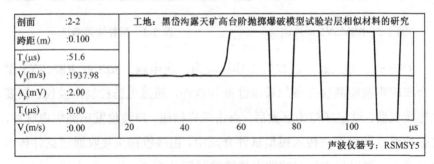

（b）试件 2-2 纵波波速（1938m/s）

图 3-5 部分试件纵波测试结果

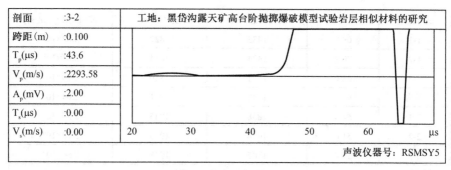

（c）试件 3-2 纵波波速（2294m/s）

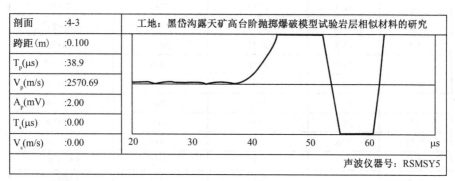

（d）试件 4-3 纵波波速（2571m/s）

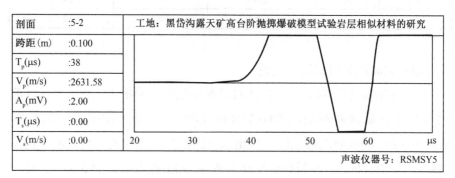

（e）试件 5-2 纵波波速（2632m/s）

图 3-5　部分试件波测试结果（续）

1 号～5 号试件的波速测试结果见表 3-8。

表 3-8　1 号～5 号试件波速测试结果

试件编号	声时(μs)	纵波波速(m/s)	密度（kg/m³）	波阻抗[kg/(m²·s)]
1-1	69.8	1433	1827	$2.62×10^6$
1-2	70.2	1424	1834	$2.61×10^6$
1-3	68.0	1471	1830	$2.70×10^6$
平均	69.3	1443	1831	$2.64×10^6$
2-1	54.4	1838	1945	$3.57×10^6$
2-2	51.6	1938	1949	$3.78×10^6$
2-3	55.4	1805	1938	$3.50×10^6$
平均	53.8	1860	1944	$3.62×10^6$
3-1	42.4	2358	2026	$4.78×10^6$
3-2	43.6	2294	2018	$4.63×10^6$
3-3	43.8	2283	2016	$4.60×10^6$
平均	43.3	2311	2020	$4.67×10^6$
4-1	37.0	2703	2047	$5.53×10^6$
4-2	37.6	2660	2062	$5.48×10^6$
4-3	38.9	2571	2049	$5.27×10^6$
平均	37.8	2645	2053	$5.43×10^6$
5-1	35.3	2832	2092	$5.92×10^6$
5-2	38.0	2632	2089	$5.50×10^6$
5-3	34.6	2885	2094	$6.04×10^6$
平均	36	2783	2091	$5.82×10^6$

根据试验结果得出以下结论：

（1）相同添加材料，材料配比对试件波速的影响很大。如 1 号试件配比为水泥:石膏:河砂:碎石=1.00:0.33:4.89:4.89，2 号试件配比为水泥:石膏:河砂:碎石=1.00:0.45:3.82:3.82，测出 1 号和 2 号试件的平均波速分别为1443m/s 和 1860m/s；5 号试件配比为水泥:河砂:碎石=1:2.03:3.63，3 号试件配比为水泥:河砂:碎石=1:3.24:5.8，测出 3 号和 5 号试件的平均波速分别为 2311m/s 和 2783m/s。

（2）不同的添加材料对试件波速有明显的影响。如 1 号、2 号试件与3 号、4 号、5 号试件相比，1 号、2 号试件的波速值小于 3 号、4 号、5

号试件的波速值。

（3）试件的强度对波速的影响很大。如 1 号试件的设计强度为 1MPa，2 号试件的设计强度为 5MPa，平均波速分别为 1443m/s 和 1860m/s；3 号试件的设计强度为 10MPa，5 号试件的设计强度为 20MPa，平均波速分别为 2311m/s 和 2783m/s。可得出，强度大的试件波速值比强度小的试件波速值要大。

综合以上分析，添加相同材料和不同材料时，不同的材料配比对波速的影响很大。试件强度对波速的影响也比较大，一般情况下，强度大的试件波速值大于强度小的试件波速值。

3.4.2.3　试件强度试验

试验采用 TAW-2000 微机控制电液伺服岩石三轴试验机（以下简称 TAW-2000 试验机），对上述 5 种不同材料的配比下标准试件的物理力学性质进行测定，主要测定的内容包括试件的破坏荷载 P、单轴抗压强度 σ、应力-应变曲线（σ-ε）、弹性模量 E 和泊松比 μ。

1．试验方法

（1）严格按照国家标准《普通混凝土力学性能试验方法标准》（GB/T 50081—2002）的要求进行试验，TAW-2000 试验机外观如图 3-6 所示。

（2）试验前认真将试件清理干净，检查外表，如有严重缺陷作废弃处理。在试件相对两个侧面的竖向及横向粘贴应变片，用于量测试件的纵向和横向应变，试件及装置情况如图 3-7 所示。

（3）严格按照国标要求，采用 TAW-2000 试验机进行加载试验，试件直接按照设定的加载速率加载到破坏，由于试件强度较低，因此加载速率设定为 100N/s。测量各试件试验结果，并将每组 3 个试件的平均值作为该组的测定值。试件破坏形态如图 3-8 所示。

图 3-6　TAW-2000 三轴试验机　图 3-7　试验的现场情况　图 3-8　试件破坏形态

2．测试结果

在测量标准试件抗压强度的同时，测出试件的应力、应变值。不同相似材料配比的部分试件单轴压缩应力-应变曲线如图 3-9 所示。

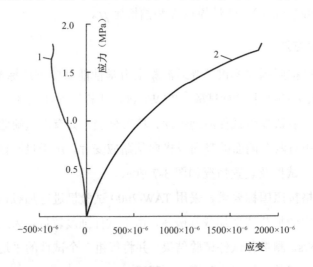

（a）试件 1-1 应力-应变曲线

图 3-9　部分试件单轴压缩应力-应变曲线

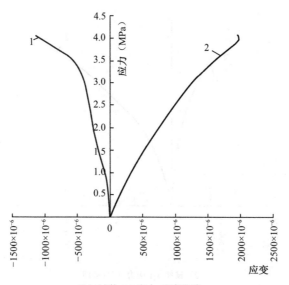

（b）试件 2-2 应力-应变曲线

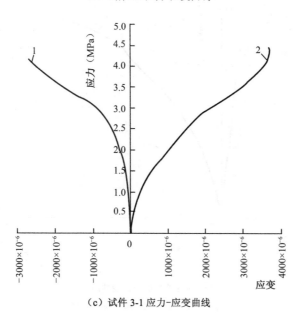

（c）试件 3-1 应力-应变曲线

图 3-9　部分试件单轴压缩应力-应变曲线（续）

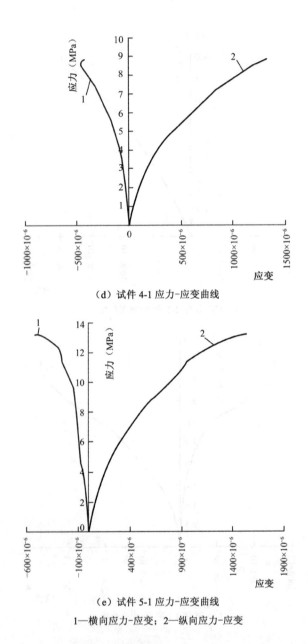

（d）试件 4-1 应力-应变曲线

（e）试件 5-1 应力-应变曲线

1—横向应力-应变；2—纵向应力-应变

图 3-9　部分试件单轴压缩应力-应变曲线（续）

　　标准试件的单轴抗压强度的取值及弹性模量、泊松比的计算公式依据《工程岩体试验方法标准》（GB/T 50266）。

（1）单轴抗压强度。取应力-应变曲线上最大的应力值为试件的单轴抗压强度值 σ。

（2）弹性模量。试件的变形模量为变量，不同应力阶段模量值不相同，一般分为初始模量、切线模量和割线模量三种。依据规范中关于切线弹性模量 E 的要求，取单轴抗压强度值的 50% 应力值处（σ_{50}）附近应力-应变关系线性段。具体算法是，取 σ_{50} 附近的应力-应变数据，采用最小二乘法计算直线的方程，该斜线的斜率即为岩块的弹性模量。

弹性模量计算公式如下：

$$E = \frac{\sigma_b - \sigma_a}{\varepsilon_{hb} - \varepsilon_{ha}} = \frac{\sigma}{\varepsilon} \tag{3-7}$$

式中　E——试块弹性模量；

　　　σ_b——应力与纵向应变关系曲线上直线段始点的应力值，MPa；

　　　σ_a——应力与纵向应变关系曲线下直线段始点的应力值，MPa；

　　　ε_{hb}——应力为 σ_b 时的纵向应变值；

　　　ε_{ha}——应力为 σ_a 时的纵向应变值。

（3）泊松比。泊松比计算公式为：

$$\mu = -\frac{\text{轴向应力应变曲线的斜率}}{\text{径向应力应变曲线的斜率}} = \frac{\sigma_{db} - \sigma_{da}}{\varepsilon_{hb} - \varepsilon_{ha}} = -\frac{E}{\text{径向曲线的斜率}} \tag{3-8}$$

式中　μ——试块泊松比；

　　　ε_{db}——应力为 σ_b 时的纵向应变值；

　　　ε_{da}——应力为 σ_a 时的纵向应变值。

注：径向曲线的斜率计算方法同 E。

试件物理力学参数的测定结果见表 3-9。

表 3-9　试件物理力学参数测定结果

试件编号	密度 ρ（kg/m³）	破坏载荷 P（kN）	抗压强度 σ（MPa）	弹性模量 E（GPa）	泊松比 μ	备注
1-1	1827	18.34	1.83	0.89	0.24	
1-2	1834	18.79	1.88	0.79	0.17	

续表

试件编号	密度 ρ (kg/m³)	破坏载荷 P (kN)	抗压强度 σ (MPa)	弹性模量 E (GPa)	泊松比 μ	备注
1-3	1830	19..33	1.93	1.02	0.25	
平均	1831	18.82	1.88	0.90	0.22	
2-1	1945	38.21	3.82	3.28	0.21	
2-2	1949	43.26	4.33	2.04	0.33	
2-3	1938	36.03	3.60	1.13	0.16	
平均	1944	39.17	3.92	2.15	0.23	
3-1	2026	61.84	6.18	2.44	0.37	
3-2	2018	62.71	6.27	4.25	0.49	
3-3	2016	56.27	5.63	2.13	0.20	
平均	2020	60.27	6.03	2.94	0.35	
4-1	2047	110.90	11.09	6.75	0.37	
4-2	2062	129.82	12.98	5.21	0.36	
4-3	2049	125.07	12.51	5.01	0.13	
平均	2053	121.93	12.19	5.65	0.29	
5-1	2092	144.06	14.41	10.01	0.25	
5-2	2089	140.62	14.06	13.08	0.20	
5-3	2094	—	—	—	—	剔除
平均	2091	144.34	14.34	11.55	0.23	

注：5-3 试件由于操作人员的失误，造成试件的损坏，没有进行试验。

通过对 5 组试件进行单轴压缩试验，得到了各个试件在单轴压缩条件下的应力-应变曲线。根据试验结果，得到各组试件的平均抗压强度、弹性模量和泊松比等基本力学参数，可以得出：

（1）胶结材料的添加不同，对试件的强度影响很大。1 号试件的砂胶比为 7.35∶1 大于 3 号试件的砂胶比 9.04∶1，但其试件强度远小于 3 号试件的强度；2 号试件的砂胶比大于 3 号、4 号和 5 号试件的砂胶比，同样试件强度远小于 3 号、4 号和 5 号的试件强度，见表 3-10。

表 3-10　试件砂胶比与强度的关系

序　号	砂胶比	抗压强度（MPa）	备　注
1 号	7.35:1	1.88	水泥:石膏:河砂:碎石
2 号	5.27:1	3.92	
3 号	9.04:1	6.03	水泥:河砂:碎石
4 号	6.19:1	12.19	
5 号	5.66:1	14.34	

（2）相同的胶结材料，其含量增加，则试件的强度也随之增大。2 号试件的强度>1 号试件的强度。5 号试件的强度>4 号试件强度>3 号试件强度。

（3）弹性模量随着试件强度的增大而增大。如 1 号～5 号试件的单轴抗压强度分别为 1.88MPa、3.92MPa、6.03MPa、12.19MPa 和 14.34MPa，弹性模量分别为 0.90GPa、2.15GPa、2.94GPa、5.65GPa 和 11.55GPa，其弹性模量与强度的关系如图 3-10 所示。

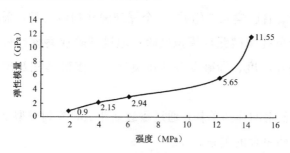

图 3-10　弹性模量与强度的关系

（4）试件的密度增大，其强度也随之增大。5 组试件密度与抗压强度的关系如图 3-11 所示。

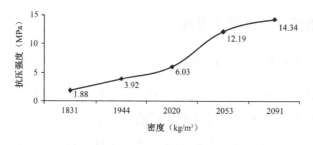

图 3-11　密度与抗压强度的关系

3.5 爆破漏斗模型试验

爆破漏斗研究占据非常重要的地位，研究人员常利用爆破漏斗试验的方法进行爆破理论和课题的研究，它不但能够用来优化爆破参数，还能对不同的炸药、岩体进行爆破漏斗试验，并对试验结果进行对比分析，为选用与岩体相匹配的炸药提供可靠的依据。由于爆破漏斗的这些基础性作用，它在爆破实践与理论研究中应用非常广泛，因此此次试验采用爆破漏斗模型试验的方法选择合理的相似材料及材料配比。

爆破漏斗模型试验方案：

（1）该方案通过建立 5 组共 15 个爆破漏斗相似模型，采用固定药量和孔深，进行单孔爆破漏斗模拟试验。通过试验观察统计每次爆破漏斗半径、爆破漏斗深度、爆破漏斗的可见深度、爆破体积及破碎块度大小等参数。

（2）求出各组的炸药单耗，通过爆破漏斗试验找到模型试验炸药单耗与现场实际炸药单耗的关系。

（3）认真分析各组的爆破效果，并结合各组材料的力学性质，选出最优组，从而确定高台阶抛掷爆破模型试验的相似材料及材料配比。

3.5.1 爆破漏斗试验基本原理

3.5.1.1 爆破漏斗的构成要素

当炸药埋在临近自由面的岩石中时，炸药爆炸产生的应力波会在自由面处发生反射作用，不仅会使炸药附近的岩石中产生压碎区、裂隙区和震动区，根据岩石与自由面距离的不同，还会在自由面引起岩石的破碎、鼓包和抛掷等现象，在岩石中形成一个倒立圆锥形漏斗状的凹坑，称为爆破漏斗。爆破漏斗形成如图 3-12 所示。

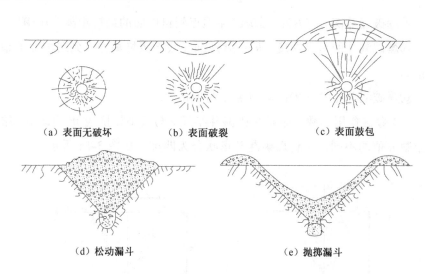

（a）表面无破坏　　　（b）表面破裂　　　（c）表面鼓包

（d）松动漏斗　　　　　　　（e）抛掷漏斗

图 3-12　爆破漏斗形成条件示意图

（1）爆破漏斗的几何要素。集中药包在单自由面条件下爆炸所形成的爆破漏斗形状如图 3-13 所示。

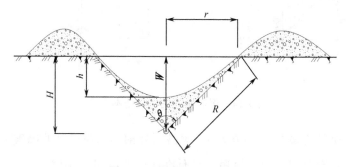

图 3-13　爆破漏斗示意图

爆破漏斗的几何要素有：

①最小抗线（W）：药包中心到自由面的最短距离。

②爆破漏斗半径（r）：自由面上爆破漏斗的底圆半径。

③爆破作用半径（R）：药包中心到爆破漏斗底圆周边上任一点的距离，

又称为破裂径。

$$R=W\sqrt{(1+n^2)} \tag{3-9}$$

④爆破漏斗深度（H）：爆破漏斗顶点到自由面的最短距离，$H>W$。

⑤爆破漏斗的可见深度（h）：爆破漏斗底部渣堆最低点到自由面的最小距离。

⑥爆破漏斗张角（θ）：爆破漏斗的顶角。

（2）爆破作用指数 n 是指爆破漏斗半径 r 与最小抵抗线 W 的比值，根据指数 n 值的不同，可将爆破漏斗形状分为四类，如图 3-14 所示。

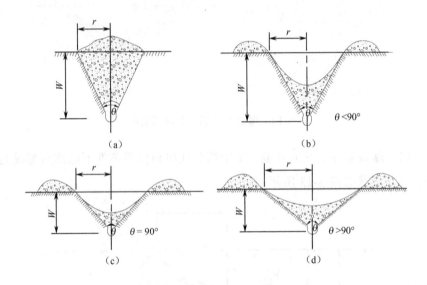

图 3-14　爆破漏斗的四种基本形式

①松动爆破漏斗（$n<0.75$）。爆破后外部不形成可见的爆破漏斗，在自由面看到岩石的松动和隆起，碎石堆在原处，如图 3-14（a）所示。

②减弱抛掷漏斗（$0.75<n<1$）。$n=\dfrac{r}{W}<1$，漏斗顶角 $\theta<90°$，为锐角，漏斗剖面如图 3-14（b）所示。

③标准抛掷漏斗（$n=1$）。此时，爆破作用指数 $n=\dfrac{r}{W}=1$，即 $r=W$，漏斗顶角 $\theta=90°$，漏斗剖面如图 3-14（c）所示。此时爆破漏斗体积最大，能

够实现最佳爆破效率，相应的最小抵抗线称为最优抵抗线，如图 3-15 所示。确定不同岩石种类的单位炸药消耗量时，通常用标准抛掷爆破漏斗容积作为计算的依据。

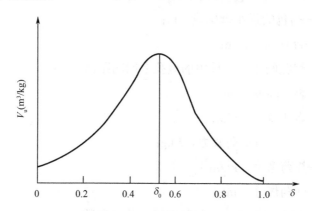

图 3-15　爆破漏斗体积（V_u）与炸药相对埋深（δ）的关系

④加强抛掷漏斗（$n > 1$）。$n = \dfrac{r}{W} > 1$，即 $r > W$，此时漏斗顶角 $\theta > 90°$，为钝角。当爆破作用指数 $n = 3$ 时，已获得极大的漏斗和抛掷力，$n > 3$ 时，漏斗无显著变化，漏斗剖面如图 3-14（d）所示。

3.5.1.2　爆破漏斗药量计算原理

基于爆破工程中爆破抛出物的体积和装药量之间的关系，多年来人们提出了大量的经验和半经验公式，虽然这些公式并不十分精确，但是由于公式比较简单、使用方便，仍被人们广泛应用。

S. Voban 提出的药量计算公式为：

$$Q = k_3 W^3 \tag{3-10}$$

Belidor 在 1725 年提出装药的一部分药量与爆破的岩石体积成正比，另外一部分药量则与爆破所得的岩石表面积成正比，因此得出公式（3-11）：

$$Q = k_2 W^2 + k_3 W^3 \tag{3-11}$$

在 1963 年出版的岩石爆破专著中，瑞典兰格福基斯（Langfors）在分析岩石爆破的影响因素后得出，在岩石爆破中，所需要的装药量可表述为爆破结果中各种变量的一个函数：

$$Q=f_1(W,k,E,h,d,s,\rho,u,c_i) \tag{3-12}$$

式中　W——药包的最小抵抗线，m；

　　　K——台阶高度，m；

　　　E——炮孔间距，一排中的炮孔之间的距离，m；

　　　h——装药高度，m；

　　　d——炮孔直径，mm；

　　　s——单位重量炸药威力，J/kg；

　　　ρ——炸药密度，kg/m^3；

　　　u——炸药爆速，m/s；

　　　c_i——与岩石性质、夹制程度等有关的参数。

根据量纲分析，可得到爆破漏斗装药计算公式：

$$Q = f(n)(k_2 W^2 + k_3 W^3 + k_4 W^4) \tag{3-13}$$

式中　k_2,k_3,k_4——与岩石性质和炸药性质有关的常数。

式（3-13）称为能量准则装药计算公式，简称能量准则公式。公式中各项具有明显的物理意义：

（1）$f(n)$表示在最小抵抗线 W 保持不变的情况下，装药量 Q 随着爆破漏斗半径 r 变化而改变。

（2）$k_2 W^2$ 表示为克服岩石黏聚力的影响，即岩石内部各层表面的能量损失，如流动和塑性变形中的能量损失。

（3）$k_3 W^3$ 表示为使爆破漏斗内岩石获得破坏（临界）变形所需药量，即爆破相似定律中提出的部分。

（4）$k_4 W^4$ 表示为克服重量场所消耗的能量。

关于 $f(n)$ 的计算方法，研究者们提出了许多不同的计算公式：

$$f(n) = 0.4 + 0.6n^3 \quad (0.7 \leqslant n \leqslant 2.5)\ (\text{M. M. Boreskov}) \tag{3-14}$$

$$f(n) = \left[\frac{(1+n^2)}{2}\right]^{\frac{9}{4}} \quad (0.7 \leqslant n \leqslant 2) \qquad (\text{O. E. Vlasov}) \tag{3-15}$$

$$f(n) = \frac{2(4+3n^2)^2}{97+n} \quad (0.7 \leqslant n \leqslant 3.5) \quad \text{(T. M. Salamakhin)} \quad (3\text{-}16)$$

$$f(n) = \left[\frac{(1+n^2)}{2}\right]^2 \quad (0.7 \leqslant n \leqslant 20) \quad \text{(G. I. Pokrovskyi)} \quad (3\text{-}17)$$

爆破作用指数的计算公式很多，其中在我国使用最为广泛的为鲍列斯科夫（M. M. Boreskov）提出的经验公式 [式（3-14）]。

当岩石、炸药和最小抵抗线维持不变时，增加药量就会增大漏斗的底部半径 r，使爆破作用指数 $n>1$，成为加强抛掷漏斗；反之，减少药量，漏斗的底部半径亦会相应减小，从而使爆破作用指数 $n<1$，成为减弱抛掷漏斗。

根据爆破相似律，当采用单个集中药包进行标准抛掷爆破时，$f(n)=1$，则装药量的计算式为：

$$Q_b = K_b W^3 \tag{3-18}$$

式中　Q_b——形成标准抛掷漏斗所需的装药量，kg；

K_b——标准抛掷爆破单位用药量，kg/m^3。

由于采用的是标准抛掷爆破，即 $r=W$，爆破漏斗体积 V 与最小抵抗线 W 之间的关系为：

$$V = \frac{1}{3}\pi r^2 W \approx W^3 \tag{3-19}$$

即标准抛掷爆破的药量计算公式可以写为：

$$Q_b = K_b V \tag{3-20}$$

式中　V——爆破岩石体积，m^3。

3.5.2　爆破漏斗模型制作

3.5.2.1　试验材料

（1）基本材料：水泥、河砂、碎石（<7mm）、石膏、硼砂和水。水泥为普通硅酸盐水泥，标号为 32.5，密度为 1.285g/cm^3；在正常施工管理下，

图 3-16 精制梯恩梯炸药

一般情况河砂含水率为3%,石子含水率为1%。

（2）炸药：精制粉末状梯恩梯（TNT），如图 3-16 所示。其主要性能参数如下：做功能力 285~330mL，当密度 1.0g/cm³ 时，猛度 16~17mm，爆速 4700m/s，爆热 992×4.1868kJ/kg，爆温 2870℃。

（3）雷管：8 号瞬发电雷管。

（4）起爆器、电雷管连接线、毫米刻度尺、电子秤及量筒等。

（5）模具：采用高强度的 PVC 管，管内径 ϕ＝570mm，高 H＝500mm。

3.5.2.2 试件制作

爆破漏斗模型制作具体操作步骤如下。

（1）模具的选取。模型的大小要选取适中，太大制作成本较高，太小会影响爆破效果。为了节约成本和减小模型边界的影响，模型的周边与模型的炮孔的不小于 1.5~2 倍的最小抵抗线。由于模型设计的最小抵抗线为 160mm，因此模具的内径应不小于 480mm。为了方便模具取材，同时满足模型尺寸的要求。此次试验模具采用高强度的 PVC 管，管内径为 ϕ＝570mm，高 H＝500mm，如图 3-17 所示。

（a）PVC 管高 500mm

（b）PVC 管内径 570mm

图 3-17 爆破漏斗模具示意图

（2）严格参照表 3-5 和表 3-6 确定的材料配比，认真计算各种材料的用量，仔细称取。

（3）把称好的各种材料进行搅拌均匀，其中水泥、石膏、砂混合材料需加入定量的浓度为 1% 的硼砂溶液，以减少初凝时间。搅拌均匀后把混合材料倒入已编号的模具中，然后振动夯实避免出现蜂窝麻面。

（4）一共制作 5 组，每组设置 3 个模型，在模型制作过程中插入直径为 10mm 的塑料管，形成直径为 10mm 的炮孔，孔深为 170mm。为了防止塑料管与模型材料凝固，在模型材料凝结前每隔 1～2h 来回旋转塑料管几次，注意在旋转过程中要垂直捂住塑料管，不能使塑料管倾斜，以防止炮孔扩大和倾斜。

（5）模型制作好后，在自然环境下进行养护，每天浇水且保养期不少于 28 天（实际养护了 68 天），确保其达到足够的强度后，对模型进行爆破试验，模型如图 3-18 所示。

图 3-18　爆破漏斗模型照片

3.5.3　爆破漏斗测试

3.5.3.1　模型试验药量的确定

利文斯顿经过长时间的爆破漏斗实验研究后分析发现，当药包的长度与药径尺寸的比值小于 6 时，漏斗爆破机制与真正的球状药包爆破机制相似。有学者研究认为，一次爆破传递给岩石能量的大小及速度取决于岩石特性、炸药性能及药包质量等。从传递给岩石能量的观点来分析，当药包的埋深不变而改变药包质量时，与药包质量不变改变药包的埋深爆破效果是相同的。

此次爆破漏斗模型试验，由于装药量较少，药包的长径比不超过 6，可看作是球形的集中药包爆破试验。试验在药量 Q 和埋深 H 不变的情况下进行爆破研究，测量爆破漏斗的几何参数（包括体积、半径及深度等）情况。

采用单个集中药包进行爆破漏斗试验，试验采用一发 8 号瞬发电雷管引爆 TNT 炸药，电雷管净装药量为太安 0.60g±0.01g，折合标准炸药 TNT 约 1g。模型起爆药为精制 TNT，查出 TNT 的做功能力，即爆力值 A_1 为 285～330mL。抛掷爆破现场使用的铵油炸药的爆力值 A_2 为 300～315mL，两种炸药类型不同，使用时需通过炸药的爆力值进行换算，取两者爆力值平均值，其爆力值换算系数为 $e=A_2/A_1=1$，可得铵油炸药与 TNT 的爆力值非常接近，使用时无需进行转换。

通过标准抛掷爆破漏斗的药量计算公式对药量进行理论计算，其计算公式为：

$$Q_b=K_bW^3 \tag{3-21}$$

式中　W——最小抵抗线，根据模型与现场原型的几何相似 $C_L=50$ 确定，由于原型最小抵抗线在 7～8.5m，经过几何相似换算，得出模型试验的最小抵抗性 $W=140～170$mm；

　　　K_b——装药单耗，根据现场岩体的平均普氏硬度系数 $f=3～5$，通过查表，当采用硝铵类炸药时，K_b 取值为 1.1～1.3kg/m³，本次试验取 1.2kg/m³。

在黑岱沟露天矿高台阶抛掷爆破中，主要产生抛掷的是前五排，其各排炸药单耗在 0.90～1.35kg/m³ 不等，一般第一排最大，往后逐排递减，后面排为加强松动（弱抛掷）排。由于试验主要研究相似模型的抛掷爆破现象，且设计的台阶模型布孔形式为单排或双排炮孔。综合考虑，本次模型试验的炸药单耗以现场实际设计的前三排的炸药单耗为原型，即单耗在 1.10～1.35kg/m³ 之间，平均值为 1.23kg/m³，因此 K_b 取 1.2kg/m³ 是合理的。

通过式（3-21）计算得药量 Q_b=3.3～5.9g，由于采用 8 号瞬发电雷管引爆，因此需除去药量 1.0g，故实际的 TNT 装药量为 2.3～4.9g。

尽管设计炮孔深度固定不变，但在模型制作及后期模型养护中可能由于某些情况，导致模型的爆孔深度出现细微的变化，因此在实际的装药过程中，需量测每个模型实际的炮孔深度，通过计算确定每一个模型的最终装药量。

3.5.3.2　测试方法

计算好 TNT 炸药药量后，采用赛多利斯科学仪器（北京）有限公司生产的电子天平（精确度为±0.01g）对 TNT 炸药药量进行量取，如图 3-19 所示。将量取的装 TNT 炸药与雷管制作成药柱，装入到预留的炮孔中，由于模型制作过程中炮孔深度产生了细微的变化，所以装

图 3-19　TNT 量取

药量也做了适当的调整，具体情况见表 3-11。起爆时采用 8 号电雷管进行起爆，炮孔填塞物用石英砂、石膏加 AB 胶水混的混合物共同填塞，爆破漏斗模型试验示意图如图 3-20 所示。

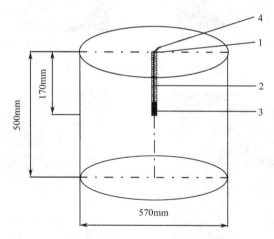

1—炮孔；2—堵塞物；3—梯恩梯炸药；4—雷管

图 3-20　爆破漏斗模型试验示意图

（1）爆破漏斗体积测量。爆破后，清除漏斗中的岩石碎片，采用塑料袋装水放入爆破漏斗中，当水平面与模型表面持平后将水倒入量筒测量水的体积得。

（2）爆破漏斗半径测量。清除爆破漏斗周围的岩石碎片，圈定漏斗口的边界，然后用普通毫米刻度尺量取若干次不同方位上的漏斗半径，取它们的平均值作为爆破漏斗半径。

$$R = \frac{1}{n}\sum_{i=1}^{n}R_i \qquad (3\text{-}22)$$

3.5.3.3 测试结果

对各组模型进行爆破漏斗试验，试验后的部分模型如图 3-21～图 3-25 所示。试验后，统计试验结果，试验数据统计结果见表 3-11。

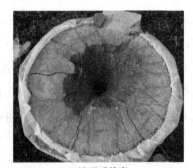

（a）清理前　　　　　　　　　　　（b）清理后轮廓

图 3-21　试件 1-3 爆破漏斗形状

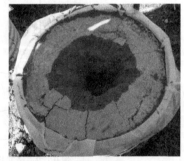

（a）清理前　　　　　　　　　　　（b）清理后轮廓

图 3-22　试件 2-2 爆破漏斗形状

（a）清理前　　　　　　　　　　　　　（b）清理后轮廓

图 3-23　试件 3-1 爆破漏斗形状

（a）清理前　　　　　　　　　　　　　（b）清理后轮廓

图 3-24　试件 4-3 爆破漏斗形状

 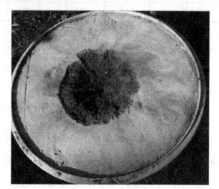

（a）清理前　　　　　　　　　　　　　（b）清理后轮廓

图 3-25　试件 5-3 爆破漏斗形状

表 3-11　爆破漏斗试验数据统计

试件编号	药量 Q(g)	孔深 h（mm）	抵抗线 W（mm）	漏斗深度 l（mm）	漏斗半径 r（mm）	作用半径 R（mm）	体积 V（cm³）	统计单耗 q（kg/m³）	备注
1-1	3.0	165	145	100	125	160	1120	2.68	剔除
1-2	3.5	165	145	189	164	240	3300	1.06	
1-3	3.5	165	145	182	158	220	3270	1.06	
平均	3.5	165	145	186	161	230	3285	1.06	
2-1	4	165	145	191	173	250	3450	1.16	
2-2	3.5	165	145	189	161	230	3180	1.10	
2-3	3.5	165	145	188	157	220	2820	1.24	
平均	3.67	165	145	189	164	233	3150	1.17	
3-1	3.5	165	145	180	141	180	1970	1.78	
3-2	3.5	160	140	175	138	160	1980	1.77	
3-3	3.2	155	140	170	129	110	1150	2.78	
平均	3.4	160	142	175	136	150	1700	2.11	
4-1	3.5	165	145	175	124	130	1450	2.41	
4-2	3.2	160	140	170	114	150	1560	2.05	
4-3	3.5	165	145	175	128	140	980	3.56	
平均	3.4	163	143	173	122	140	1330	2.67	
5-1	3.5	165	145	175	0	0	0	0	
5-2	3.5	165	145	175	9.0	110	780	4.49	
5-3	3.2	155	145	160	8.9	120	880	3.64	
平均	3.4	160	145	168	9.0	115	830	4.07	

注：1. 设计时的炮孔深度为 170mm，由于制作过程中不谨慎或后期养护中存在砂浆的沉降，炮孔深度发生微小的降低和改变，但不影响试验的结果；

2. 模型 1-1，由于炮孔填塞效果不佳，造成冲炮现象，导致试验结果与同组模型试验结果相比差异较大，数据失真，因此结果分析中将其剔除。

分析以上试验数据和爆破漏斗现场效果图，可以得出：

（1）在孔深和装药量固定的条件下进行爆破漏斗试验，材料强度对爆破漏斗的体积、漏斗半径和炸药单耗有很大影响。当模型强度较小时，爆破漏斗形状规整，漏斗周围形成密集的裂缝，如图 3-21 和图 3-22 所示。当材料强度增大，便形成不规整的爆破漏斗形状，且漏斗体积也随之减小，漏斗周围裂缝数量减少，如图 3-23 和图 3-24 所示。当模型材料强度继续增大时，形成一个规整的爆破漏斗，漏斗周围无裂缝形成，如图 3-25 所示。对表 3-11 的试验数据取平均值再汇总，得出各组模型的主要爆破参数，结果见表 3-12。

表 3-12　各组爆破漏斗模型试验数据

试件编号	药量 Q(g)	孔深 h(mm)	抵抗线 W(mm)	漏斗深度 l(mm)	漏斗半径 r(mm)	作用半径 R(mm)	体积 V(cm³)	统计单耗 q(kg/m³)
1 号	3.5	165	145	186	161	230	3285	1.06
2 号	3.67	165	145	189	164	233	3150	1.17
3 号	3.4	160	142	175	136	150	1700	2.11
4 号	3.4	163	143	173	122	140	1330	2.67
5 号	3.4	160	145	168	90	115	830	4.07

（2）按照 1 号和 2 号的材料配合比，材料抗压强度为 1.88～3.92MPa 时，爆破漏斗形状规整，破碎体块度大小堆积分布，且试验炸药单耗为 1.06kg/m³ 和 1.17kg/m³，与现场实际岩体爆破统计单耗 1.10～1.35kg/m³ 较接近，因此，此两种材料配比所制成的模型可以满足模拟现场岩体的条件，但哪一种模型材料的爆破效果更好，还需进一步研究分析。

（3）其余的各组的材料配比，由于强度增大，形成的爆破漏斗不规整，破碎块度较大，统计的炸药单耗均达到 2.11kg/m³ 以上，与实际不相符合，故这三种材料配比不能用来模拟现场的岩体。

依据爆破漏斗基本理论，通过确定的 5 种不同的材料配比，制作 5 组模型，每组 3 个高 H=500mm、直径 ϕ=570mm 的漏斗模型，养护好后分别对模型进行爆破漏斗试验。试验时，认真记录和统计试验数据，为后续章节确定高台阶抛掷爆破模型材料提供数据支持。经分析，得出主要结论如下：

（1）依据爆破漏斗基本理论，阐释了爆破漏斗的构成要素和爆破漏斗药量计算的基本原理，为接下来的爆破漏斗模型试验提供了理论基础。

（2）根据本章所确定的 5 种材料配比，严格按照设计要求制作 5 组模型，每组 3 个大小为高 H=500mm，直径 ϕ=570mm 的漏斗模型。通过长达两个月的养护，强度已完全达到自身的强度后，在固定药量为 3.5g 和孔深 165mm 的条件下，进行单孔爆破漏斗模拟试验。

（3）记录和统计了每次爆破漏斗的试验数据，主要试验数据包括爆破漏斗半径、爆破漏斗深度、爆破漏斗的体积和计算模型的实际炸药单耗。

（4）通过对爆破漏斗模型试验的数据结果及现场爆破效果图片进行分析，得出 1 号和 2 号两种材料配比制成的模型可以满足模拟现场岩体的条件，因此可选用此两种材料配比来制作高台阶抛掷爆破模型，1 号和 2 号的材料配比分别为：水泥:石膏:河砂:碎石=1.00:0.33:4.89:4.89，水泥:石膏:河砂:碎石=1.00:0.45:3.82:3.82，但 1 号和 2 号哪一种材料配比效果哪种更好，需做进一步的验证分析。

3.6　台阶抛掷爆破模型试验相似材料的确定

根据上述章节中对 5 组爆破漏斗模型试验结果进行的分析，得出 1 号和 2 号两种材料配比制成的模型可满足模拟现场岩体的条件，即可选用此两种材料配比来制作高台阶抛掷爆破模型，但选用哪一种材料配比效果更好，还需进一步试验验证分析。以下结合相似准则及高速摄影技术的方法对 1 号和 2 号模型进行研究分析，确定哪一组模型与反映实际原型爆破情况更加吻合，从而确定高台阶抛掷爆破相似模型的材料。

具体的分析方法为：（1）根据相似准则，确定 1 号和 2 号模型与原型岩体的炸药单耗之间的关系；（2）分析模型波阻抗与炸药波阻抗之间的关系；（3）通过高速摄影技术，宏观观测两组模型在爆破过程中的鼓包运动情况及破碎块度大小情况，绘制鼓包中心点的位移与时间、速度与时间的关系曲线，验证 1 号和 2 号模型的爆破漏斗效果。

3.6.1　试验结果分析

试验初步得出 1 号和 2 号模型与现场岩体相吻合，可用来制作高台阶抛掷爆破模型，但两组模型的爆破效果不尽相同，因此需要进一步分析找到更加的材料配比。

3.6.1.1　炸药单耗分析

通过分析 1 号和 2 号模型爆破效果可知，爆破后在试件中形成爆破漏斗，不是一个标准抛掷爆破漏斗，因此，需要根据实际的 n 值进行修正，计算出模型的标准单耗。按照著名的鲍氏公式进行修正：

$$Q=\left(0.4+0.6n^3\right)KW^3 \tag{3-23}$$

得出标准单耗：

$$K_b=\frac{K}{0.4+0.6n^3} \tag{3-24}$$

式中　　K——模型统计单耗，kg/m^3；

　　　　n——爆破作用指数，$n=r/W$。

根据式（3-24）计算出模型的标准炸药单耗 K_b，结果见表 3-13。

根据相似准则 $\pi_{12}=\dfrac{q}{\rho_r}$ 得：

$$q_m=\frac{\rho_m}{\rho_o}q_o \tag{3-25}$$

式中　　ρ_m——模型统计单耗，kg/m^3；

　　　　ρ_o——原型岩体密度，$\rho_o=2380kg/m^3$；

　　　　q_o——原型实际炸药单耗，$q_o=1.10\sim1.35kg/m^3$。

根据式（3-24）和式（3-25），得出 1 号和 2 号模型炸药单耗与原型炸药单耗的关系，计算结果见表 3-13。

表 3-13　1 号和 2 号炸药单耗关系

编号	模型介质密度 ρ（kg/m^3）	模型统计单耗 K（kg/m^3）	标准单耗 K_b（kg/m^3）	相似准则推导单耗 q_m（kg/m^3）	原型实际单耗 q_o（kg/m^3）
1 号	1831	1.06	0.87	0.86～1.05	1.10～1.35
2 号	1944	1.17	0.92	0.90～1.11	

根据表 3-13 可得，2 号模型的单耗大于 1 号模型，且更接近于原型实际炸药单耗，故选用 2 号模型的材料作为高台阶抛掷爆破模型材料效果会更好。

3.6.1.2 波阻抗分析

就爆破过程的物理本质而言，炸药与岩石的匹配关系无疑是影响爆破效果的主要因素之一。当炸药波阻抗与岩体波阻抗相匹配时，炸药爆炸释放出的能量可以较多地被岩体所吸收，因而在相同炸药单耗的条件下爆破效果就更好。通过分析模型波阻抗与炸药波阻抗、模型波阻抗与现场岩体波阻抗的关系，找出 1 号和 2 号模型中哪一组模型的材料配比更适合 TNT 作为模型起爆药。

由式（3-4）、式（3-5）推导出模型介质波阻抗 $(C_{\rho_r c_P})_m$ 与 TNT 波阻抗、现场岩体波阻抗的关系，结果见表 3-14。

表 3-14　波阻抗关系

编　号	模型介质密度（kg/m³）	纵波波速（m/s）	模型波阻抗[kg/(m²·s)]	TNT 波阻抗[kg/(m²·s)]	推导的模型波阻抗[kg/(m²·s)]	现场岩体波阻抗[kg/(m²·s)]
1 号	1831	1443	2.64×10^6	4.70×10^6	$2.18 \times 10^6 \sim$ 3.24×10^6	$2.27 \times 10^6 \sim$ 3.37×10^6
2 号	1944	1860	3.62×10^6		$2.32 \times 10^6 \sim$ 3.44×10^6	

根据表 3-14 可得：

（1）1 号模型和 2 号模型的波阻抗均小于 TNT 的波阻抗，但 2 号模型的波阻抗更加接近于 TNT 的波阻抗，即 2 号模型的波阻抗与 TNT 的阻抗更加匹配。

（2）1 号模型和 2 号模型的波阻抗与现场岩体的波阻抗值比较接近，2 号模型的波阻抗值略大于岩体的波阻抗值。

综上分析，根据波阻抗匹配原则，2 号模型的波阻抗与 TNT 的波阻抗更加匹配，因此选用 2 号模型的材料配比效果更好。

3.6.1.3 抛掷速度分析

为了便于分析 1 号模型和 2 号模型的爆破效果，通过高速摄影技术观测爆破漏斗的形成及破碎体的抛掷过程。经过数据处理后，得出鼓包纵向位移与时间的变化过程及鼓包纵向速度与时间的关系。分析在其他条件完全相同的情况下，两模型的爆破漏斗抛掷速度情况及速度与材料强度的关系，得出哪一组模型的爆破效果更接近于现场抛掷爆破的情况。

试验选用 1 号模型（1-2 模型、1-3 模型）和 2 号模型（2-2 模型、2-3 模型）进行高速摄影试验，并对其进行分析。两组模型的爆破方案相同，即装药量 TNT 3.5g，埋深 165mm。测试系统由高速摄影机、控制器（计算机）、被测模型、连接线和坐标轴组成，试验布置方法如图 3-26 所示。试验采用的高速摄影机型号为 Hot Shot 1280cc，在拍摄频率为 1000 幅 / s，像素为 1024×612 的条件下对两个模型爆破过程进行拍摄。为了方便观测碎块的运动规律，在模型的正后方固定一根标志物，并每隔 10cm 做一个标记，作为试块抛出距离的标志点。现场布置照片如图 3-27 所示。

试验选用 1-3 模型、2-2 模型进行爆破漏斗试验过程的高速摄影分析，通过高速摄影观测，分别得到两模型从表面鼓包隆起到破裂至抛掷全过程的部分照片，如图 3-28 和图 3-29 所示。

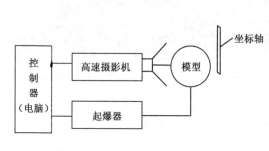

图 3-26　高速摄影布置方法

图 3-27　高速摄影现场布置照片

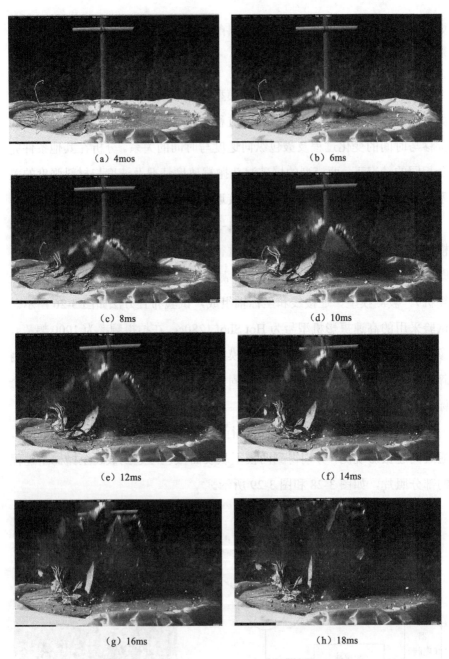

(a) 4mos

(b) 6ms

(c) 8ms

(d) 10ms

(e) 12ms

(f) 14ms

(g) 16ms

(h) 18ms

图 3-28 1-3 模型不同时刻鼓包运动及抛掷过程

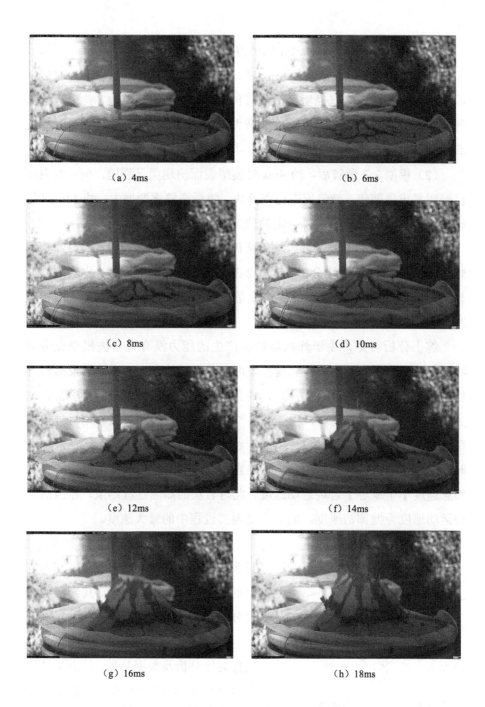

（a）4ms

（b）6ms

（c）8ms

（d）10ms

（e）12ms

（f）14ms

（g）16ms

（h）18ms

图 3-29　2-2 模型不同时刻鼓包运动及抛掷过程

对图 3-28 和图 3-29 对比分析可得：

（1）模型 1-3 爆破后大约 3ms 时，模型表面开始出裂缝，4ms 时裂缝明显，到 6ms 时表面已经明显出现鼓包，鼓包中心出现碎块，伴随有爆炸气体从裂缝处溢出，随后裂缝逐渐增大，约到 10ms 时，破碎岩块开始脱离表面，以一定的速度抛出。

（2）模型 2-2 爆破后，约 4ms 时模型表面出现明显裂缝，6ms 时表面已经明显出现鼓包，鼓包周围出现碎块，随后裂缝逐渐增大，约 14ms 时，破碎岩块开始脱离表面，以一定的速度抛出。

（3）爆破后，模型 2-2 岩块的破碎块度明显小于模型 1-3。对炸药爆炸后 4ms 与 6ms 时对比分析，模型 2-2 表面出现的裂缝较多，岩块破碎明显小于模型 1-3。由于爆破破碎块度是评价爆破效果的重要指标，故模型 2-2 爆破效果好于模型 1-3。

综上分析可知，由于炸药爆炸所产生的能力没有完全被模型充分吸收，有一部分爆炸应力波传到模型表面，在表面处产生应力波的反射拉伸作用，从而在表面处将岩体拉断，并且在表面处发生复杂的应力叠加，加大模型表面的破碎；同时，由于爆生气体的气楔作用和膨胀作用，导致模型表面出现大的裂缝、鼓包、抛掷。当模型表面开始发生鼓包运动时，此时就是加速过程的初始时刻；当破碎岩块加速到某一定值时，爆生气体的膨胀速度小于或等于岩块远动速度，此时岩块的加速过程结束，相应的岩块运动速度为抛掷初速度，同时也是抛掷过程中的最大速度。

以模型表面的鼓包中心为参考点，只要求出其纵向的抛掷速度，则其他方向的岩块速度均可以确定，其岩块的速度分布规律可按图 3-30 求得。

对两组模型的高速摄影试验照片进行对比分析及数据处理，得出 1 号模型（1-2 模型、1-3 模型）和 2 号模型（2-2 模型、2-3 模型）的鼓包中心（纵向）

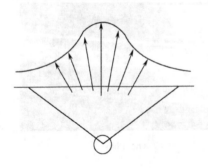

图 3-30　岩块速度分布规律

位移随时间的变化过程（*s-t* 关系曲线），以及鼓包（纵向）速度随时间的变化过程（*v-t* 关系曲线），如图 3-31 和图 3-32 所示。

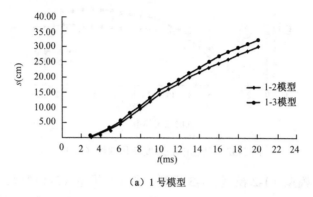

（a）1 号模型

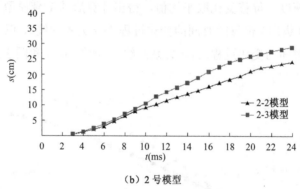

（b）2 号模型

图 3-31　鼓包中心位移变化曲线

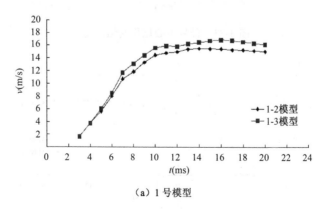

（a）1 号模型

图 3-32　鼓包中心速度变化曲线

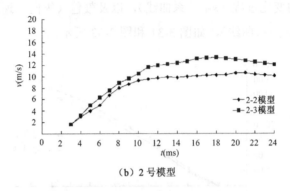

（b）2号模型

图 3-32　鼓包中心速度变化曲线（续）

对 1 号模型（1-2 模型、1-3 模型）和 2 号模型（2-2 模型、2-3 模型）两组模型的速度、位移变化取平均值，得出计算后的 1 号模型、2 号模型的鼓包中心（纵向）位移随时间的变化过程（$s\text{-}t$ 关系曲线），以及鼓包（纵向）速度随时间的变化过程（$v\text{-}t$ 关系曲线），如图 3-33 和图 3-34 所示。

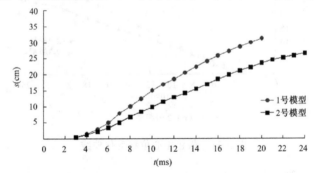

图 3-33　鼓包中心位移变化曲线

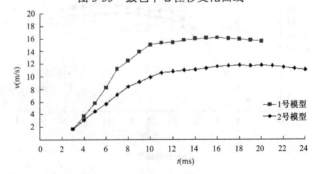

图 3-34　鼓包中心速度变化曲线

从图 3-34 可以看出，首先鼓包中心运动速度存在一个短时间的加速，之后接近匀速运动。分别对 1 号模型和 2 号模型的鼓包中心速度变化进行分析，得出以下结论：

（1）1 号模型开始鼓包中心的速度迅速增加，10ms 后速度接近匀速运动，但速度还是在微弱增加；16ms 时速度达到最大值 16.16m/s，而后速度开始缓慢下降。

（2）2 号模型开始鼓包中心的速度也迅速增加，但增幅明显小于 1 号模型，12ms 后速度接近匀速运动，当到 20ms 时，速度达到最大值，约为 11.78m/s，而后速度开始降低。

根据黑岱沟露天矿高台阶抛掷爆破现场数据统计情况，破碎岩块最远抛掷距离为 131.4m，此时，岩块从抛掷点到落地的垂直距离为 37.5m，炮孔倾角为 65°。根据台阶抛掷爆破的几何关系可以得出岩石抛掷距离 S 与初速度 v_o 的关系式：

$$v_o = \sqrt{\frac{1}{2\left(\dfrac{h}{S} + \cot\alpha\right)\sin^2\alpha} gS} \qquad (3\text{-}26)$$

式中　v_o——岩块初速度，m/s；

　　　S——岩石水平抛掷距离，131.4m；

　　　h——岩块从抛掷点到落地的垂直距离，37.5m；

　　　α——炮孔倾角，α=65°；

　　　g——重力加速度，9.8m/s²。

根据式（3-26）计算得到，黑岱沟露天矿高台阶抛掷爆破的岩块抛掷初速度约为 32.36m/s。

根据式（2-31），得出 1 号模型（1-2 模型、1-3 模型）和 2 号模型（2-2 模型、2-3 模型）的岩块抛掷初速度与原型岩块抛掷初速度的关系，计算结果见表 3-15。

表 3-15　模型与原型的岩块速度关系

编号	模型实际初速度 （m/s）	模型平均初速度 （m/s）	相似准则推导初速度 v_m （m/s）	原型抛掷初速度 v_o （m/s）
1-2	15.50	16.19	4.58	32.36
1-3	16.88			
2-2	10.62	11.98		
2-3	13.33			

根据表 3-15 可得，1 号模型和 2 号模型得到的抛掷初速度均大于相似准则推导的初速度。由于影响抛掷初速度的因素是多方面的，包括岩石特性、装药结构、装药量和炸药性能等，但相似准则推导的抛掷初速度仅与原型初速度和几何相似比有关，导致得到的抛掷初速度有差异是属于正常现象，因此在研究模型抛掷速度的问题时，需要考虑模型的畸变。由于条件限制，此次模型试验不考虑模型的畸变问题。

鉴于 2 号模型的抛掷初速度比 1 号模型的抛掷初速度更加接近于相似准则推导的初速度，2 号模型的材料作为高台阶抛掷爆破模型材料效果优于 1 号模型的材料。

3.6.2　模型相似材料的确定

分别对 1 号模型和 2 号模型的炸药单耗、波阻抗、岩块破碎块度及抛掷速度进行对比分析，发现 2 号模型效果优于 1 号模型，与实际原型相更符合，因此选用 2 号模型的材料及材料配比作为高台阶抛掷爆破模型相似材料。

其相似材料的参数为材料的质量配比水泥:石膏:河砂:碎石（<7mm）=1.00:0.45:3.82:3.82。

物理力学参数：密度为 1944kg/m^3、抗压强度为 3.93MPa、弹性模量为 2.15GPa、纵波传播速度为 1860m/s、波阻抗为 3.62×10^6kg/(m^2·s)。

3.7　本章小结

本章通过对黑岱沟露天煤矿被爆岩石物理力学性质的分析,确定了模拟岩体的岩性指标,然后根据模拟岩体的岩性特征及相似准则推导结果选取了试验所使用的材料及其强度范围和配比,制作了 5 种不同强度的相似材料,通过对 5 种相似材料的力学性能测试和爆破漏斗试验,最终确定了可以较好模拟黑岱沟露天煤矿被爆岩石的相似材料。

(1)根据模拟岩体中各种岩石的物理力学性质,通过取平均值的方法,得到模拟岩体的岩性指标,主要考虑岩石的密度、抗压强度、普氏硬度系数、波阻抗等指标。

(2)依据岩体岩性指标和相似准则,确定相似模型所使用的材料为水泥、石膏、河砂、碎石(小于 7mm)、硼砂和水。

(3)通过标准试件的物理、力学性能测试和爆破漏斗试验,确定了 2 号模型的材料及材料配比[水泥:石膏:河砂:碎石(小于 7mm)=1.00:0.45:3.82:3.82]作为台阶抛掷爆破相似模型的制作材料。相似材料的密度为 1944kg/m³、抗压强度为 3.93MPa、弹性模量为 2.15GPa、纵波传播速度为 1860m/s、波阻抗为 $3.62×10^6$kg/(m² · s)。

参考文献

[1]　宗琦. 立井冻土掘进爆破参数模型试验研究[D]. 合肥:中国科学技术大学,2004.

[2]　杨振声. 工程爆破的模型试验与模型律[J]. 工程爆破,1995(2):1-10.

[3]　刘殿中,杨仕春. 工程爆破实用手册[M]. 北京:冶金工业出版社,2003.

[4]　Zheng Ruyu, Wu Kan, Li Ru, et al. Study on Overburden's Destructive Rules Based on Similar Material Simulation [J]. International Journal of

Modern Education and Computer Science, 2011, 3(5).

[5] Gao Feng, Zhou Keping, Dong Weijun, et al. Similar material simulation of time series system for induced caving of roof in continuous mining under back fill [J].Journal of Central South Univercity of Technology, 2008, 15(3):356-360.

[6] 李晓红，卢义玉，康勇，等. 岩石力学实验模拟技术[M]. 北京：科学出版社，2007.

[7] 林韵梅. 实验岩石力学模拟研究[M]. 北京：煤炭工业出版社，1983.

[8] 黄戡，张可能，何志攀，等. 水泥砂浆性能的研究[J]. 上海建材，2003(8)：39-40.

[9] 马建军，黄宝，江兵，等. 地下深孔爆破模拟相似律与模型制作[J]. 中国矿业，2001，10(4)：38-41.

[10] 安伟刚. 岩性相似材料研究[D]. 长沙：中南大学，2002.

[11] 余永强，褚怀保，王卫超，等. 煤体爆破漏斗的试验研究[J]. 煤炭科学技术，2011，39(5)：41-43.

[12] 汪旭光. 爆破设计与施工[M]. 北京：冶金工业出版社，2011.

[13] 孔令强,孙景民. 模拟煤体的相似材料配比试验研究[J]. 露天采矿技术，2007(4)：33-36.

[14] 刘佑荣，唐辉明. 岩体力学[M]. 武汉：中国地质大学出版社，1999.

[15] 刘红岩，杨军，陈鹏万. 爆破漏斗形成过程的 DDA 模拟分析[J]. 工程爆破，2004，10(2)：17-20.

[16] 戴俊.爆破工程[M]. 北京：机械工业出版社，2005.

[17] 张峰涛. 岩石在柱状耦合装药作用下的爆炸能量分布[D]. 武汉：华中科技大学，2007.

[18] Bibiana Luccioni, Daniel Ambrosini, Grald Nrick. Craters Produced by Underground Explosions [J].Computers and Structures, 2009(21):1366-1373.

[19] 汪义龙. 深孔高台阶抛掷爆破研究[D]. 北京：中国矿业大学（北京），2010.

[20] Livingstone C W. An Introduction to the Design of Underground Opennings for Defonse Colorado School of Mines[J]. Quarterty Colorado School of Mines, 1951, 46(1).

[21] Livingstone C W. Fundamental Concepts of Rock Failure[J]. Quarterty Colorado School of Mines, 1956, 51(3).

[22] 刘亮亮，王海龙，刘江波，等. 低强度相似材料正交配比试验[J].辽宁工程技术大学学报(自然科学版)，2014(2):188-192.

[23] 刘晓敏，盛谦，陈健，等. 大型地下洞室群地震模拟振动台试验研究(Ⅰ): 岩体相似材料配比试验[J]. 岩土力学，2015(1): 83-88.

[24] 卢宏建，梁鹏，甘德清，等. 硬岩相似材料单轴压缩变形与声发射特征[J]. 矿业研究与开发，2016(4):78-81.

[25] 缪圆冰，魏雯，陈仁春，等. 基于正交设计的土质相似材料配比试验研究[J]. 福州大学学报(自然科学版)，2016(4):570-576.

[26] 彭璐，王万鹏，王传乐. 不同制样方式下岩性相似材料配合比的研究[J]. 山西建筑，2016，42(29):104-105.

[27] 任大瑞，刘保国，史小萌. 相似材料力学性质影响因素试验研究[J]. 北京交通大学学报，2016(6):19-24.

[28] 史小萌，刘保国，肖杰. 水泥和石膏胶结相似材料配比的确定方法[J].岩土力学，2015(5):1357-1362.

[29] 孙冰，袁登，曾晟，等. 爆炸应力波在层状节理岩体中的传播规律试验研究[J]. 中国安全生产科学技术，2015(11):118-123.

[30] 王创业，司建锋，张玺. 基于正交实验的相似材料配比实验研究[J]. 煤炭技术，2016(8):21-23.

[31] 王永岩，甘小南，范夕燕，等. 一种页岩相似材料的配制及其力学性能的研究[J]. 山东科学，2017(4):50-57.

[32] 王展. 采矿工程相似材料及模型试验研究[J]. 山西建筑，2011，37(32):108-109.

第 4 章
Chapter 4
主要爆破参数对抛掷爆破效果影响的模型试验

相似模型试验作为现场试验的补充，同时也给近距离高速摄影提供了有利条件，笔者于 2015 年 8 月—2016 年 12 月分两批进行了台阶模型试验，分别研究了炸药单耗 q、最小抵抗线 W、炮孔倾角 β（台阶坡面角 α）、孔距 a、排距 b、排间延期间隔时间 Δt 等 6 个主要因素对抛掷效果的影响规律；同时，探索研究了超动态应力应变测试技术在相似模型试验中的应用，主要完成了以下 3 个研究目标。

（1）根据相似材料配比 [水泥：石膏：河砂：碎石（<7mm）=1.00:0.45:3.82:3.82（质量比）] 按照几何相似比为 1:50 制作水泥砂浆高台阶模型，重点研究炸药单耗 q、最小抵抗线 W、炮孔倾角 β（台阶坡面角 α）、孔距 a、排距 b、排间延期间隔时间 Δt 等 6 个主要因素对高台阶抛掷爆破作用下抛掷率、最远抛距和松散系数的影响及其规律。

（2）利用高速摄影仪对台阶模型试验爆破过程中台阶坡面进行观测，通过对台阶垂直方向上不同高度布置的观测点进行追踪，得到台阶坡面鼓包运动规律和坡面不同位置的速度分布规律，建立高台阶抛掷爆破效果预测模型，实现对原型的爆破效果预测。

（3）在台阶模型中的特定位置预埋入高精度电阻应变片，使用超动态应力-应变采集仪和配套软件采集起爆后台阶模型中爆炸应变波信号，研究材料在冲击荷载作用下的动态响应特征。

4.1　相似模型试验方案设计

4.1.1　主要爆破参数设计

上文已分析过影响抛掷效果的主要因素，由于台阶高度在矿山长期的生产实践中已经形成，此次不再对台阶高度这一影响因素进行探究。通过前期计算研究，台阶模型试验采用专门定制的高能导爆索（线装药密度为 25g/m，外径为 6mm）作为试验炸药，药芯为黑索今（RDX），爆力 480mL，爆速 8300m/s。则模型试验炸药单耗与现场炸药单耗的关系式可改写为式（4-1）。

$$q_{试(RDX)}=k\frac{\rho_{rm}}{\rho_{ro}}q_{实（ANFO）}=k\eta'q_{实（ANFO）}=0.51\,q_{实（ANFO）} \tag{4-1}$$

根据前文理论分析和现场生产实际情况，此次试验选取炸药单耗 q、最小抵抗线 W、炮孔倾角 β（台阶坡面角 α）、孔距 a、排距 b、排间延期间隔时间 Δt 等 6 个影响因素，同时选定原型台阶高度为 40m，炮孔直径为 310mm，孔距为 11m，取炮孔填塞长度与最小抵抗线长度相等，单孔装药量 Q 按式(4-2)计算。

$$Q = qaWH \tag{4-2}$$

由式（2-23）中 $\pi_{13} = \dfrac{t^2}{d_b g}$ 可得：

$$C_t = \frac{t_m}{t_o} = \sqrt{\frac{d_{bm}}{d_{bo}}} = \sqrt{C_{d_b}} = \sqrt{n} \tag{4-3}$$

在试验中，几何相似比 n 取 $\dfrac{1}{50}$，那么时间相似比 C_t 为 $\sqrt{\dfrac{1}{50}}$，按目前的条件，使用普通电雷管或毫秒延期塑料导爆管雷管，这样的延期时间是做不到的，因此试验前期对炸药单耗 q、最小抵抗线 W、炮孔倾角 β（台阶坡面角 α）的研究仅模拟真实高台阶抛掷爆破中的首排爆破，即模型试验采用单排三孔齐发方式起爆。每个炮孔使用一发电子雷管引爆（雷管药量计入单孔装药量，一发电子雷管折合 0.583g RDX），炮孔装药后，将石膏粉和胶水混合搅拌均匀进行填塞。

结合相似理论和确定的相似常数，模型试验的主要爆破参数见表 4-1。

表 4-1 试验主要爆破参数

参 数	H（cm）	d_b（mm）	$\beta(\alpha)$（°）	a（cm）	$W(b)$（cm）	q（kg/m³）
原 型	4000	310	65~75	1100~1300	650~850	1.00~1.20
模 型	80	10	65~85	22~26	13~17	0.51~0.63

4.1.2   追踪点制作

为了方便捕捉爆破时高台阶模型坡面不同位置的速度，采用与高台阶模型相同配比的水泥砂浆混入不同颜色颜料提前制作了尺寸为 90mm×35mm×15mm 的长方体砖块，分别为红色、黄色、绿色、咖啡色、黑色，如图 4-1 所示（未按照设计尺寸切割

图 4-1   追踪点实物图
（未按照设计尺寸切割时）

时）。待高台阶模型浇筑时插入到高台阶模型坡面的相应位置，与高台阶模型一起养护至 28 天。追踪点的具体分布如下：将高台阶模型在垂直方向上自上而下按照抵抗线倍数关系分为 6 层，A1～A5 每层在垂直方向上的高度均为 1 倍抵抗线，每层布置相同颜色追踪点 3 个，各层追踪点颜色不同，B1 列、B2 列和 B3 列追踪点外露长度分别为 50mm、35mm 和 30mm；A6 层用于模拟煤层，不设置追踪点，模型分层情况及追踪点位置如图 4-2 和图 4-3 所示。

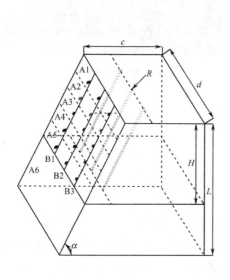

图 4-2   高台阶模型分层示意图

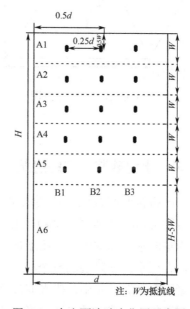

注：W 为抵抗线

图 4-3   自由面追踪点位置示意图

4.1.3 模具制作

为了降低边界对爆破效果的影响，除了扩大模型尺寸，使模型非自由面距炮孔的最小尺寸大于 1.5 倍抵抗线之外，还可使用厚钢板制作模具，而且试验时不脱模，使模具在爆破试验时对模型形成边界约束。按图 4-5 形状焊接模具，其中倾斜坡面使用木板并用螺栓固定，使之能在爆破试验时拆除形成自由面，木板还应该按照图 4-5 追踪点的位置预先挖出相应尺寸的长方形孔。在模具内部特定位置设置 3 根可以拔出的圆柱体钢筋，用于预留炮孔。模具形状示意和实物如图 4-4 和图 4-5 所示。

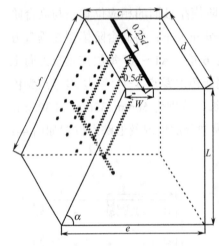

图 4-4　模具形状示意图

图 4-5　模具实物示意图

4.1.4 水泥砂浆模型的浇筑

严格按照配合比设计要求将骨料和胶结物称重（精度为骨料±1%、胶结物±1%、用水量±5%），先将骨料和胶凝材料拌和均匀后，加入约一半用量的水拌和均匀，再逐渐加水并搅拌均匀，将拌和料边装入模具边捣实，直至水泥砂浆装满整个模具。浇筑后每隔 1h 轻轻转动钢筋，以免钢筋凝固在水泥砂浆中，待水泥砂浆完成初凝后，在钢筋周围滴加少量机油作润滑作用，模型最终硬化形成所需的炮孔。浇筑高台阶模型的同时，用相同配比的水泥砂浆装入 100mm×100mm×100mm 标准模具制作 5 个标准试件，用于测试材料的物理力学性质。

为了将初凝时间控制在较为理想的 15～20min，搅拌时添加了一定量浓度为 1%的硼砂溶液作为缓凝剂。在制作各个标准试件和模型时，制样时间严格控制在 25min 以内，并尽量保持每个试件和模型的制样时间大致相同。标准试件自然养护 48h 后脱模，与爆破漏斗圆柱体模型在相同自然环境下自然养护 28 天。

4.1.5　试验现场布置

为更好地模拟图 2-5 所示的高台阶抛掷爆破现场，同时实现高速摄影下对追踪点抛掷速度的捕捉，试验现场如图 4-6 和图 4-7 所示进行布置。

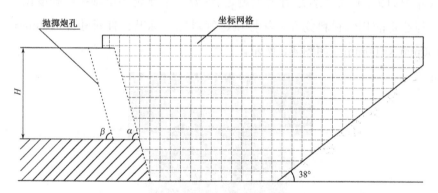

图 4-6　试验现场布置示意图

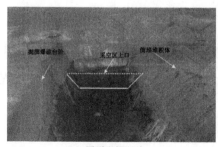

（a）原型现场照片

（b）模型试验照片

图 4-7　试验现场布置效果

图 4-7（b）中左侧为水泥砂浆台阶模型，上部 80cm 为被抛掷岩土，下部模拟煤层（爆破时不破坏）；右侧倾斜木板与地面呈 38°，用于模拟原型中上一台阶作业后形成的倒堆堆积体（自然安息角为 38°）；模型和木板中间用于模拟采空区，地面铺设塑料布用于收集爆破后被抛掷的岩土；在台阶模型正后方提前挂起网格尺寸为 5cm×5cm 的坐标网格，方便计算抛体的抛掷速度。

4.1.6 标准试件的物理力学性质测试

在相似材料的选取过程中，主要考虑了材料的密度、纵波波速、单轴抗压强度、弹性模量、泊松比等与爆破效果息息相关的参数。为此，将完成养护的 5 个标准试件进行密度测定、纵波波速测定和单轴抗压强度试验，并与选定的相似材料物理力学性质进行对比。标准试件尺寸为 100mm×100mm×100mm，如图 4-8 所示。

图 4-8 养护完成的标准试件

密度测定采用间接法，使用电子天平称取各个试件的质量，密度按式（4-4）计算。试件均为边长为 100mm 的正方体标准试件，忽略制作过程中的误差及脱模、搬运过程中的损耗。

$$\rho_{rm} = m_{rm} / V_{rm} \qquad (4-4)$$

式中　　m_{rm}——试件质量，kg；

V_{rm}——试件体积，cm^3。

岩石的波阻抗是体现其动力学特性的一个基本物理量，能反映出应力波在岩石中穿透和反射的能力，其值的大小等于岩石的密度和纵波波速的乘积。采用武汉中科智创岩土技术有限公司（原中国科学院武汉岩土力学研究所）的 RSM-SY5 型数字式超声波仪测定各个标准试件的纵波波速。为降低试验误差，使用凡士林作为耦合剂，测定前将少许凡士林均匀涂在试件和探头之间使之紧密接触充分耦合，并保持两探头在同一水平线上。

试件的力学性能采用 TAW-2000 微机控制电液伺服岩石三轴试验机进行单轴抗压试验，数据采集系统是试验机自带的动态信号实时分析系统，试验采用等荷载加载破坏模式，加载速率设定为 100N/s，通过测定获得了试件的破坏荷载、单轴抗压强度、弹性模量和泊松比等力学参数。

最终获得了相似模型试验中混凝土的主要物理力学参数，并把 3.6.2 节中选定相似材料的物理力学性能作为标准值与之进行对比，按式（4-5）计算相对误差，见表 4-2。

$$相对误差 = \frac{平均值 - 标准值}{标准值} \times 100\% \tag{4-5}$$

式中，平均值和标准值分别为表 4-2 中各参数的平均值和标准值。

表 4-2 相似材料主要物理力学性质

参数 编号	密度 （kg/m³）	抗压强度 （MPa）	弹性模量 （GPa）	纵波波速 （m/s）
1	1944	1.31	2.12	1837
2	1860	1.38	2.15	1846
3	1870	1.41	2.13	1828
4	1865	1.43	2.15	1833
5	1868	1.48	2.11	1842
平均值	1866.8	1.402	2.132	1837.2
标准值	1944	1.43	2.15	1860
相对误差	-3.97%	-1.96%	-1.16%	-1.28%

从表 4-2 可以看出，在相同的配比和相同（相近）浇筑工艺条件下，得到的相似材料在物理力学性质上的表现是稳定的，各物理力学性能参数的相对误差在 5%以内，因此可以认为台阶模型试验的材料达到了设计要求。

4.2　炸药单耗对抛掷效果的影响规律

4.2.1　模型试验

为了研究炸药单耗 q（首排炸药单耗）与抛掷效果的关系，试验一设计台阶高度 H、炮孔直径 d_b、炮孔倾角 β、孔距 a、最小抵抗线 W 均不变，仅改变炸药单耗 q，原型爆破现场首排的实际炸药单耗（以 ANFO 计）在 1.10kg/m³ 左右，因此试验炸药单耗取 1.00～1.20kg/m³（以 ANFO 计），根据式（2-34）转换得到模型试验实际单耗为 0.51～0.63kg/m³（以 RDX 计），试验炸药单耗 q_m 分别取 0.51kg/m³、0.54kg/m³、0.57kg/m³、5.60kg/m³、0.63kg/m³，分 5 组进行试验，试验主要爆破参数见表 4-3。

表 4-3　试验主要爆破参数

参数 编号	炮孔倾角 （°）	最小抵抗线 （cm）	孔距 （cm）	孔深 （cm）	单耗 （kg/m³）	单孔装药量 （g）	填塞长度 （cm）
1-1	75	14	22	75	0.51	12.567	18
1-2	75	14	22	75	0.54	13.306	17
1-3	75	14	22	75	0.57	14.045	16
1-4	75	14	22	75	0.60	14.784	14
1-5	75	14	22	75	0.63	15.523	13

按表 4-3 爆破参数对第一组 5 个台阶模型逐一进行爆破，同时对台阶坡面进行高速摄影观测，试验结果统计如图 4-9 和表 4-4 所示。

（a）模型 1-1（爆破前）　　　　　　（b）模型 1-1（爆破后）

（c）模型 1-2（爆破前）　　　　　　（d）模型 1-2（爆破后）

（e）模型 1-3（爆破前）　　　　　　（f）模型 1-3（爆破后）

图 4-9　第一组模型试验抛掷爆破效果

（g）模型 1-4（爆破前）　　　　　　　（h）模型 1-4（爆破后）

（i）模型 1-5（爆破前）　　　　　　　（j）模型 1-5（爆破后）

图 4-9　第一组模型试验抛掷爆破效果（续）

表 4-4　第一组模型试验结果

项　目 编　号	单耗 （kg/m³）	松散体积 （cm³）	实方体积 （cm³）	有效抛掷量 （cm³）	松散 系数	L_m （m）	E_p （%）
1-1	0.51	104700	87983	43241	1.19	4.57	41.3
1-2	0.54	112925	91809	50929	1.23	4.79	45.1
1-3	0.57	103820	90278	52637	1.15	4.92	50.7
1-4	0.60	109206	93339	59190	1.17	4.95	54.2
1-5	0.63	117630	94104	66343	1.25	4.93	56.4

4.2.2　试验结果分析

选取试验数据中的最远抛距 L_m 和有效抛掷率 E_p 作为纵坐标，炸药单耗 q 作为横坐标，得到炸药单耗 q 变化对最远抛距 L_m 和有效抛掷率 E_p 的影响规律，如图 4-10 和图 4-11 所示。

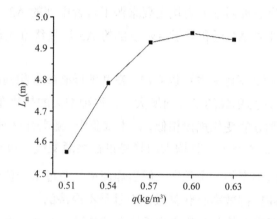

图 4-10　L_m 随 q 变化关系

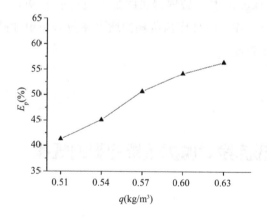

图 4-11　E_p 随 q 变化关系

综合分析表 4-4 和图 4-9～图 4-11 可以得到以下结论：

（1）炸药引爆结束后，在模型上部形成了一个尺寸约为 $3a \times H \times W$ 的偏向自由面方向的抛掷漏斗坑，并在台阶模型中炮孔位置沿炮孔轴线形成

3 个直径为 4.5～5cm 的半圆柱形爆炸空腔；被破碎抛掷的岩石主要分布在长为 1.6m、宽为 3a 的"采空区"（根据原型现场设置的"采空区"），有少量岩块飞过设置的木板，落在 4.57～4.93m 的位置；由于试验本身爆破方量较少，故并未在"采空区"形成有规律形状的爆堆，从爆破后追踪点的位置和后期高速摄影分析得知，爆堆前部（设靠近木板位置为爆堆前部，台阶根部位置为爆堆后部）岩块主要来源于台阶中部的 A2、A3、A4 层，而处于台阶上部的 A1 层和处于台阶下部的 A5 层最终堆积在台阶根部位置的爆堆后部。

（2）从 L_m 随 q 变化关系可以看出，在其他爆破参数相同的条件下，最远抛距 L_m 随着炸药单耗的增加而增大，但这种增大的趋势在逐渐变缓。

（3）与 L_m 随 q 的变化规律相似，在本试验中，随着炸药单耗 q 的增加，有效抛掷率 E_p 随之增大，且增大的趋势也在逐渐变缓，可见增大炸药单耗是提高有效抛掷率的一个手段，但当炸药单耗超过某一值时，单靠增大炸药单耗来提高抛掷效率收获甚微，而且是不经济的。

（4）从抛掷岩石的破碎程度来看，在试验设定的其他爆破参数下，炸药单耗大于 0.51kg/m³ 时，破碎岩块的最大边长小于 9cm，能够满足原型中拉斗铲的正常工作，而且炸药单耗的增大使得岩块更加破碎，可提高拉斗铲倒堆的工作效率。

4.3　最小抵抗线对抛掷效果的影响规律

4.3.1　模型试验

为了研究最小抵抗线 W 与抛掷效果的关系，试验二设计台阶高度 H、炮孔直径 d_b、炮孔倾角 β、孔距 a、炸药单耗 q 均不变，仅改变最小抵抗线 W，原型爆破现场首排的实际炸药单耗（以 ANFO 计）在 1.10kg/m³ 左右，因此试验炸药单耗取 1.05kg/m³（以 ANFO 计），根据式（4-3）转换得到模型试验实际单耗为 0.54kg/m³（以 RDX 计）。原型爆破现场的最小抵抗线长度在 6.5～8.3m 之间，模型试验最小抵抗线分别取 13cm、14cm、15cm、16cm、17cm 分 5 组进行试验，炮孔位置在模具制作时进行控制，试验主要爆破参数见表 4-5。

表 4-5　试验主要爆破参数

参数 编号	炮孔倾角 （°）	孔距 （cm）	孔深 （cm）	单耗 （kg/m³）	最小抵抗线 （cm）	单孔装药量 （g）	填塞 长度 （cm）
2-1	75	22	75	0.54	13	12.355	19
2-2	75	22	75	0.54	14	13.306	18
2-3	75	22	75	0.54	15	14.256	16
2-4	75	22	75	0.54	16	15.206	14
2-5	75	22	75	0.54	17	16.157	12

注：2-4 和 2-5 模型填塞距离较小，试验时在炮孔上方堆积了一定高度的细沙，防止冲孔。

按表 4-5 参数对第二组台阶模型逐一进行爆破，同时对台阶坡面进行高速摄影观测，试验结果统计如图 4-12 和表 4-6 所示。

（a）模型 2-1（爆破前）　　　　　　　（b）模型 2-1（爆破后）

图 4-12　第二组模型试验抛掷爆破效果

(c) 模型 2-2（爆破前）　　　　　　（d) 模型 2-2（爆破后）

(e) 模型 2-3（爆破前）　　　　　　（f) 模型 2-3（爆破后）

(g) 模型 2-4（爆破前）　　　　　　（h) 模型 2-4（爆破后）

图 4-12　第二组模型试验抛掷爆破效果（续）

（i）模型 2-5（爆破前）　　　　　　　（j）模型 2-5（爆破后）

图 4-12　第二组模型试验抛掷爆破效果（续）

表 4-6　第二组模型试验结果

参　数 编　号	抵抗线 （cm）	松散体积 （cm³）	实方体积 （cm³）	有效抛掷量 （cm³）	松散 系数	L_m（m）	E_p（%）
2-1	13	105825	79567	44023	1.33	4.88	41.6
2-2	14	112014	92574	51302	1.21	4.82	45.8
2-3	15	120909	96727	59487	1.25	4.77	49.2
2-4	16	111429	94432	52483	1.18	4.75	47.1
2-5	17	116452	101263	53917	1.15	4.68	46.3

4.3.2　试验结果分析

选取试验数据中的最远抛距 L_m 和有效抛掷率 E_p 作为纵坐标，最小抵抗线 W 作为横坐标，得到最小抵抗线 W 变化对最远抛距 L_m 和有效抛掷率 E_p 的影响规律，如图 4-13 和图 4-14 所示。

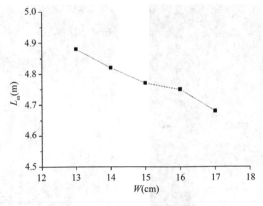

图 4-13 L_m 随 W 变化关系

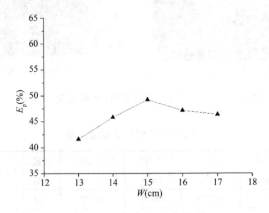

图 4-14 E_p 随 W 变化关系

综合分析图 4-12、表 4-6、图 4-13 和图 4-14 可得到以下结论：

（1）炸药引爆结束后，在模型上部形成与第一组中描述一致的爆破漏斗和爆炸空腔，少量岩块飞过人工设置的"倒堆"，落在 4.68～4.88m 处；随着抵抗线的增大，爆破方量增加，试验 2-3、试验 2-4 和试验 2-5 逐渐形成了图 4-12 中所示的高台阶抛掷爆破爆堆。

（2）从图 4-12 可以看出，在本试验设置的爆破参数下，破碎岩石的最远抛距 L_m 随着最小抵抗线 W 的增大而减小，但减小的幅度不大，说明最小抵抗线在 13～17cm 内，岩石的抛掷是在炸药爆炸内作用和爆生气体的共同作用下完成的，对于抛掷爆破来说这个范围内的最小抵抗线是合适的。

（3）从 E_p 随 W 的变化关系可以看出，在其他爆破参数一定时，有效

抛掷率 E_p 随着最小抵抗线 W 的变大有先增长再下降的趋势，可见，对于抛掷爆破来说，有一个最优的最小抵抗线以取得最佳的有效抛掷率。

（4）从爆破效果中还能观察到，随着抵抗线的增大，爆堆后部堆积高度有增高趋势，这就意味着原型中拉斗铲的工作量增加，而且试验 2-4 和试验 2-5 的爆堆后部出现了最大边长大于 9cm 的大块，这会降低原型中拉斗铲的工作效率。可见，当最小抵抗线超过某个值时，不仅有效抛掷率开始降低，岩石的破碎程度也达不到生产要求。

4.4　炮孔倾斜角度对抛掷效果的影响规律

4.4.1　模型试验

为了研究炮孔倾斜角度 β （台阶坡面角 α）与抛掷效果的关系，试验三设计台阶高度 H、炮孔直径 d_b、最小抵抗线 W、孔距 a、炸药单耗 q 均不变，仅改变炮孔倾斜角度 β （台阶坡面角 α），原型爆破现场的炮孔倾斜角度在 $65°\sim75°$ 之间，模型试验炮孔倾斜角度 β （台阶坡面角 α）分别取 $65°$、$70°$、$75°$、$80°$ 和 $85°$ 分 5 组进行实验，台阶坡面角在模具制作时进行控制，试验主要爆破参数见表 4-7。

表 4-7　试验主要爆破参数

参　数 编　号	炮孔倾角 （°）	孔距 （cm）	孔深 （cm）	单耗 （kg/m³）	最小抵抗线 （cm）	单孔装药量 （g）	填塞长度 （cm）
3-1	65	22	80	0.54	14	13.306	20
3-2	70	22	77	0.54	14	13.306	18
3-3	75	22	75	0.54	14	13.306	17
3-4	80	22	73	0.54	14	13.306	16
3-5	85	22	72	0.54	14	13.306	15

按表 4-7 参数对第三组台阶模型逐一进行爆破，同时对台阶坡面进行高速摄影观测，试验结果统计如图 4-15 和表 4-8 所示。

（a）模型 3-1（爆破前）　　　　　　（b）模型 3-1（爆破后）

（c）模型 3-2（爆破前）　　　　　　（d）模型 3-2（爆破后）

（e）模型 3-3（爆破前）　　　　　　（f）模型 3-3（爆破后）

（g）模型 3-4（爆破前）　　　　　　（h）模型 3-4（爆破后）

图 4-15　第三组模型试验抛掷爆破效果

（i）模型 3-5（爆破前）

（j）模型 3-5（爆破后）

图 4-15　第三组模型试验抛掷爆破效果（续）

表 4-8　第三组模型试验结果统计

参数 编号	炮孔倾角（°）	松散体积 （cm³）	实方体积 （cm³）	有效抛掷量 （cm³）	松散系数	L_m（m）	E_p（%）
3-1	65	120621	91380	73820	1.32	5.33	61.2
3-2	70	108466	89641	60198	1.21	4.97	55.5
3-3	75	112894	91044	52270	1.24	4.75	46.3
3-4	80	96637	84032	41264	1.15	4.22	42.7
3-5	85	89771	80875	33664	1.11	3.47	37.5

4.4.2　试验结果分析

选取试验数据中的最远抛距 L_m 和有效抛掷率 E_p 作为纵坐标，炮孔倾斜角度 β 作为横坐标，得到炮孔倾斜角度 β 变化对最远抛距 L_m 和有效抛掷率 E_p 的影响规律，如图 4-16 和图 4-17 所示。

综合分析表 4-8 和图 4-15～图 4-17 可得到以下结论：

（1）炸药引爆结束后，在模型上部形成了与第一组和第二组试验相似的爆破漏斗和爆破空腔；模型 3-1 由于炮孔倾角较小，大量来自模型中部 A2、A3 层的破碎岩块被抛掷到了 5m 开外，最远抛掷距离达 5.33m，而模型 3-5 炮孔倾角仅为 85°，只有少量岩块飞过人工设置的倒堆，落在了 3.47m 处，由此可见炮孔倾斜角度对最远抛掷距离的影响很大。

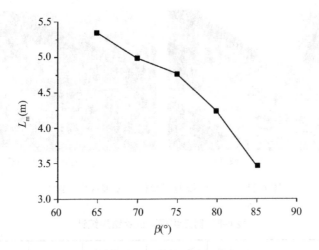

图 4-16　L_m 随 β 变化关系

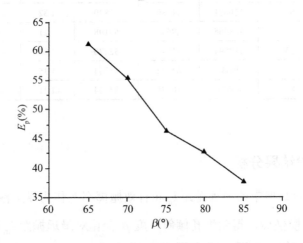

图 4-17　E_p 随 β 变化关系

（2）从 L_m 随 β 变化关系可以看出，在其他爆破参数一定时，破碎岩石的最远抛距 L_m 随着炮孔倾斜角度 β 的增大而减小，在设置的 65°～85° 范围内，L_m 减小的趋势逐渐加快。

（3）对于有效抛掷率 E_p 来说，在其他爆破参数一定时，随着炮孔倾斜角度 β 的增大逐渐减小，模型 3-5 的 E_p 减小到了 40% 以下，是 15 个模型试验中最低的。

（4）从破碎效果来看，模型 3-4 和模型 3-5 在爆堆后部都产生了较大尺寸的大块，而这一区域正好是需要拉斗铲二次倒堆的；从高速摄影中还发现这些大块主要来自台阶下部的 A5 层。

4.5　孔距、排距对抛掷效果的影响规律

4.5.1　模型试验

为了保护下部煤层，炮孔底部至煤层顶板需留出一定的高度（欠深），通常为 1～4m。抛掷爆破的台阶高度为 28～38m，孔距的变化范围为 9.6～13.1m，排距的变化范围为 6.5～8.5m，第一排炮孔的抵抗线为 7～8m。依据几何相似比，得出模型试验的台阶高度为 60cm，欠深为 5cm，孔距为 19.2～26.2cm，排距为 13～17cm，前排抵抗线为 14～16cm。因孔距、排距变化较小，故模型第一排孔的抵抗线均设计为 15cm。在保持孔距 22cm 不变的条件下，模型 Ⅰ-Ⅰ～Ⅰ-Ⅲ 的排距依次取为 13cm、15cm 和 17cm。在保证排距 15cm 不变的条件下，模型 Ⅱ-Ⅰ～Ⅱ-Ⅲ 的孔距依次取为 19cm、23cm 和 26cm。

黑岱沟露天煤矿采用孔间延期时间 t_k=9～25ms，排间延时 t_p=75～200ms，孔内延时 600ms，抛掷爆破效果较好。根据大量统计资料，从起爆到岩石被破坏和发生位移的时间，是应力波传到自由面所需时间的 5～10 倍，即岩石的破坏和移动时间与最小抵抗线成正比，排间毫秒延期时间可按式（4-6）计算。

$$\Delta t = KW \tag{4-6}$$

式中　Δt——毫秒延期间隔时间，ms；

K——与爆破条件有关的系数,露天台阶爆破时,K=2~5;

W——最小抵抗线或底盘抵抗线,m。

由式(4-6)可知,排间毫秒延期时间与排距成正比,按几何相似比,确定本次爆破试验的排间延期时间为1.5~4ms。模型Ⅰ-Ⅰ~Ⅱ-Ⅲ爆破试验的排间延期时间为2ms,孔间延期时间不作要求,即同一排孔一齐起爆。

黑岱沟露天煤矿高台阶抛掷爆破,第一排孔的炸药单耗约为1.0kg/m³,按照前文推导的炸药单耗换算公式,当采用高能导爆索炸药进行爆破时,对应的炸药(黑索今)单耗为0.36kg/m³。模型Ⅰ-Ⅰ~Ⅱ-Ⅲ的爆破参数设计见表4-9。

表4-9 试验主要爆破参数

编 号	孔 深 (cm)	孔 距 (cm)	排 距 (cm)	延期时间 (ms)	单孔负担体积 (m³)		单 耗 (kg/m³)	单孔装药量 (g)
Ⅰ-Ⅰ	55	22	13	2	前排	0.0198	0.36	7.1
					后排	0.0172	0.39	6.7
Ⅰ-Ⅱ	55	22	15	2	前排	0.0198	0.36	7.1
					后排	0.0198	0.39	7.7
Ⅰ-Ⅲ	55	22	17	2	前排	0.0198	0.36	7.1
					后排	0.0224	0.39	8.7
Ⅱ-Ⅰ	55	19	15	2	前排	0.0171	0.36	6.1
					后排	0.0171	0.39	6.6
Ⅱ-Ⅱ	55	23	15	2	前排	0.0207	0.36	7.4
					后排	0.0207	0.39	8.0
Ⅱ-Ⅲ	55	26	15	2	前排	0.0234	0.36	8.4
					后排	0.0234	0.39	9.1

按表4-9中的爆破设计参数逐一对模型Ⅰ-Ⅰ~Ⅱ-Ⅲ进行爆破,部分模型爆破前后分别如图4-18所示。

(a) 模型 I-I（爆破前）　　　　　　　　（b) 模型 I-I（爆破后）

(c) 模型 I-III（爆破前）　　　　　　　（d) 模型 I-III（爆破后）

图 4-18　第四组模型试验抛掷爆破效果

（e）模型Ⅱ-Ⅱ（爆破前）　　　　　　　（f）模型Ⅱ-Ⅱ（爆破后）

（g）模型Ⅱ-Ⅲ(爆破前)　　　　　　　（h）模型Ⅱ-Ⅲ（爆破后）

图 4-18　第四组模型试验抛掷爆破效果（续）

取一个干净的水桶，用电子秤称取水桶毛重；然后盛满自来水，称取总质量，总质量减去水桶的毛重，算得桶内水的质量，除以 4℃时水的密度，即可精确求得水桶的容积。将地面的碎块按不同粒径进行分类，采取向桶内倒入碎块的方法，可称量直径大于 15cm 碎块的质量及有效抛掷区内碎块的质量。有效抛掷区内碎块的质量除以抛掷出的砂浆总质量，可算得抛掷爆破的有效抛掷率。最后量取每个爆堆外最远处碎块的抛掷距离，经统计后得到模型Ⅰ-Ⅰ～Ⅱ-Ⅲ抛掷爆破试验结果，见表 4-10。

表 4-10   第四组模型试验结果统计

编　　号	孔　距 (cm)	排　距 (cm)	实方体积 (m³)	松散体积 (m³)	松散系数	有效抛掷率 (%)	最远抛距 (m)	粒径分布 (≥15cm) (%)
Ⅰ-Ⅰ	22	13	0.176	0.207	1.18	84.2	4.7	16.2
Ⅰ-Ⅱ	22	15	0.189	0.238	1.26	85.4	4.9	15.2
Ⅰ-Ⅲ	22	17	0.201	0.257	1.28	82.3	4.4	18.4
Ⅱ-Ⅰ	19	15	0.153	0.188	1.23	82.1	4.61	18.6
Ⅱ-Ⅱ	23	15	0.180	0.217	1.21	84.2	4.72	17.0
Ⅱ-Ⅲ	26	15	0.191	0.252	1.32	82.5	4.67	18.7

4.5.2   试验结果分析

根据表 4-10 中的台阶模型抛掷爆破试验结果统计，以有效抛掷率 E_p、最远抛距 L_m 为纵坐标，炮孔密集系数为横坐标，绘制了有效抛掷率 E_p 受炮孔密集系数 m 变化影响的关系曲线，如图 4-19 所示，碎块最远抛距 L_m 受炮孔密集系数 m 变化影响的关系曲线如图 4-20 所示。

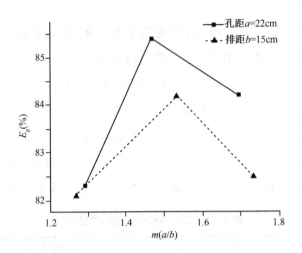

图 4-19 E_p 随 m 变化关系

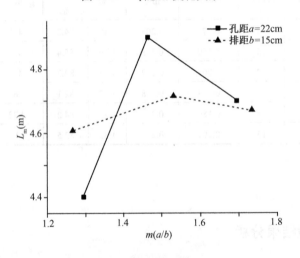

图 4-20 L_m 随 m 变化关系

从图 4-19 可以看出，在保持排距 $b=15\,\mathrm{cm}$ 不变的条件下，有效抛掷率 E_p 随孔距的增加而增大，但当孔距增加到某一数值时，有效抛掷率开始减小。当保持孔距 $a=22\,\mathrm{cm}$ 不变时，有效抛掷率 E_p 随排距的减小而增大，但当排距小于某一定值时，有效抛掷率开始下降，即存在有利于台阶抛掷爆破的最佳孔距、排距。当炮孔密集系数 m 满足 $1.4<m<1.6$ 时，台阶模型

抛掷爆破能取得较佳的抛掷率。

由图 4-20 可知，在保持孔距 $a = 22\,cm$ 不变的情况下，最远抛距 L_m 随排距的减小而增加，当排距减小至某一定值时，抛距 L_m 开始减小。相比于孔距，排距变化对最远抛距 L_m 的影响程度要大一些。综合考虑有效抛掷率 E_p 和最远抛距 L_m 受炮孔密集系数的影响规律，得出适宜矿山高台阶抛掷爆破的孔距为 9.5～11m，排距为 7.5m。

4.6　延期时间对抛掷效果的影响规律

黑岱沟露天煤矿高台阶深孔抛掷爆破具有一次爆破岩石方量大、单孔装药多的特点。为了提高岩石破碎率和降低爆破震动，矿山采用毫秒延期爆破技术。露天微差爆破延期时间选取主要受炸药种类、岩石密度、炸药爆速、岩石波阻抗、爆炸气体作用方式等因素影响。国内外学者对改善爆破效果的毫秒延期间隔时间有如下研究。

澳大利亚奥瑞凯公司在大量现场试验及数值模拟的基础上，总结出：单排孔爆破时的孔间毫秒延期时间为 3～8ms/m；多排孔爆破时的排间毫秒延期间隔时间为 8～15ms/m；对于软岩类易爆岩体，孔间毫秒延期间隔时间宜为 3ms/m，排间的毫秒延期间隔时间宜为 8ms/m；对于硬岩及含软弱夹层的岩体，孔、排间毫秒延期间隔时间宜分别取 8ms/m 和 15ms/m。

俄罗斯学者波克罗夫斯基根据爆破飞散物间的互相碰撞作用，提出前排炮孔爆破产生的碎块在移动过程中会与后排炮孔爆破生成的碎块发生碰撞，造成岩石的二次破碎。波克罗夫斯基给出了毫秒延期间隔时间计算公式：

$$\Delta t = \sqrt{a^2 + 4W^2}/v_p \tag{4-7}$$

式中　　a——炮孔间距，m；

W——最小抵抗线，m；

v_p——应力波传播速度，m/s。

实践证明，应用式（4-7）计算得到的毫秒延期间隔时间，能保证爆破后的岩块块度均匀，大块率较低，且爆堆较为集中。

而且，在前排药包起爆时所产生的应力尚未消退情况下起爆后排药包，后爆破岩块的运动速度大于先爆破的岩块，前后排爆破的岩块会发生碰撞，起到了补充破碎岩石的作用。大量的现场爆破实践证明，当炮孔的排间毫秒延期间隔时间大于 8ms/m 时，爆破效果改善较为明显。

综上所述，确定本组模型试验的排间毫秒延期间隔时间为 2~4ms。其中，模型Ⅲ-Ⅰ的排间毫秒延期时间设计为 2ms，模型Ⅲ-Ⅱ的排间毫秒延期时间设计为 3ms，模型Ⅲ-Ⅲ的排间毫秒延期时间设计为 4ms。目前，普通电雷管无法达到这样精度的起爆延期时间，故采用数码电子延期雷管。

4.6.1　电子雷管及其起爆系统简介

云南燃一有限责任公司生产的 L 型电子雷管采用高可靠性设计，具有较强的稳定性和抗干扰能力，是一种高可靠、高安全、高精度的电子雷管。其编程、起爆系统采用并联结构，使用普通双绞线实现组网及双向通信。除具有在线编程、在线检测及在线延期时间校准能力之外，还可以实现密码起爆，内置唯一 ID 码、企业代码、起爆密码，并兼容原工业雷管编码标准。电子雷管起爆系统由电子雷管、组网编辑器、组网指示器、起爆器4 部分组成，如图 4-21 所示。电子雷管组网流程如图 4-22 所示。电子雷管与普通雷管对比见表 4-11。电子雷管性能参数见表 4-12。

图 4-21　电子雷管起爆系统组成

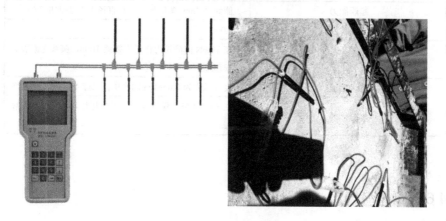

图 4-22　电子雷管起爆网路

表 4-11　电子雷管与普通雷管对比

项　目	普通雷管	电子雷管
连接方式	串并联接入，根据延时设计网路	快速线夹并联接入
网络检测	不能精确检测	可以检测每一发雷管
起爆方式	高压电能	专用起爆器，电容放电
延期方式	化学药剂	电子芯片
延期精度	精度低，一致性差	精度高，一致性好
优缺点	炸药单耗高，振动较大，单发价格相对较低，综合成本高	炸药单耗低，振动小，单发价格相对略高，综合成本低

表 4-12　电子雷管性能参数指标

参　数	指　标
现场可编程延期范围	0～15000ms
延期设定步长	1ms
延期精度	延期时间≤150ms 时，误差≤±1.5ms
延期体模块芯片是否有自检及在线校准功能	有
是否内置 ID 码、生产企业代码、起爆密码	是
组网方式	并联组网，两线无极性双向通信
是否抗静电，抗杂散电流，抗交直流	是
起爆能力	能炸穿 5mm 厚铅版，穿孔直径大于基础雷管外径
脚线长度	2.0m
脚线抗拉性能	在 19.6N 的静拉力作用下持续 1min，脚线无断裂、破损现象
抗水性能	浸入压力为 0.05MPa 的水中，保持 4h，能正常起爆
耐温性能	在 85℃环境中保持 4h，不发生爆炸，取出后能正常起爆

4.6.2　模型试验

　　模型Ⅲ-Ⅰ～Ⅲ-Ⅲ的几何尺寸及爆破药量参照模型Ⅰ-Ⅲ。按设计爆破参数对模型Ⅲ-Ⅰ～Ⅲ-Ⅲ爆破后，量取爆堆最外围碎块的抛距，称量有效抛掷区内的碎块质量，统计直径大于或等于 15cm 的碎块质量，可得到本组台阶模型爆破试验结果，见表 4-13。

表 4-13　模型抛掷爆破试验结果统计

编 号	孔 距 (cm)	排 距 (cm)	实方体积 (m³)	松散体积 (m³)	松散系数	有效抛掷率 (%)	最远抛距 (m)	大块率 (≥15cm) (%)
Ⅲ-Ⅰ	22	17	0.201	0.257	1.28	82.3	4.40	18.4
Ⅲ-Ⅱ	22	17	0.210	0.266	1.27	82.0	4.14	18.7
Ⅲ-Ⅲ	22	17	0.216	0.276	1.28	82.2	4.08	18.8

由表 4-13 可知，排间毫秒延期时间对爆破有效抛掷率的影响不明显。根据模型Ⅲ-Ⅰ～Ⅲ-Ⅲ抛掷爆破试验结果，以最远抛距 L_m 和大块率为纵坐标，排间毫秒延期时间为横坐标，绘制碎块最远抛掷距离 L_m 受排间毫秒延期时间 Δt 变化影响的关系曲线如图 4-23 所示，大块率受排间毫秒延期间隔时间 Δt 变化影响的关系曲线如图 4-24 所示。

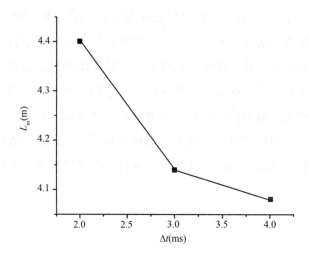

图 4-23　L_m 随 Δt 变化关系

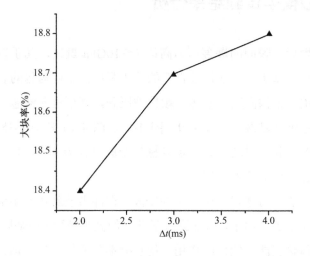

图 4-24　大块率随 Δt 变化关系

从图 4-23 可知，最远抛距 L_m 随排间毫秒延期时间 Δt 的延长而减小，且减小的幅度急剧变小。这表明，当排间毫秒延期时间小于或等于 2ms 时，后排孔爆炸的一部分能量对第一排孔爆破后的碎块做功，第一排孔爆破抛掷碎块的距离会有所增加，而当排间毫秒延期时间继续增加时，这种做功能力急剧下降甚至消失。

图 4-24 中，大块率（粒径≥15cm）随排间毫秒延期时间 Δt 的延长而增加，但这种增长幅度快速变小。因后排炮孔的爆破炸药单耗大于第一排孔的爆破炸药单耗，故后排炮孔起爆后，爆破碎块的抛掷速度大于前排孔爆破碎块的抛掷速度，在前后排孔爆破碎块之间会产生挤压碰撞，起到了加强破碎的作用。但当排间毫秒延期时间持续增加时，后爆碎块与前排孔爆破碎块之间的速度差减小，两者间的挤压碰撞作用削弱，表现为爆破后的大块率变化不明显。因此，推荐矿山高台阶抛掷爆破的排间延期时间不宜超过 100ms。

4.7 相似模型试验结果分析

药包起爆后，瞬间的爆轰压力高达 1～10GPa 量级，几乎以突然荷载形式作用在炮孔壁上，远远超过岩石的抗压强度，靠近药包的岩石受到突然的强烈压缩，结构面完全破坏，颗粒被压碎，甚至进入液态，最终在每个药包周围沿炮孔轴线形成图 4-9、图 4-12、图 4-15 和图 4-18 中可见的半圆柱形爆炸空腔，现场测量发现圆柱体空腔直径为 45～50mm，为导爆索直径（药包直径）的 6～7 倍。

炸药爆轰的同时在岩石中产生冲击波，在冲击波到达自由面之前，岩石在冲击波能量的作用下，内部原来就存在的微小裂隙（或缺陷）被激活，随后爆生气体膨胀能开始持续作用，使裂缝不断增长最后贯通。当冲击波遇到自由面后产生反射拉伸波，岩石表面发生剥裂、片痂或者隆起，反射拉伸波遇到发展中的破裂区边界后，首先将帮助该处环向裂缝的生长，当反射拉伸波阵面继续向前扩展，凡与反射波阵面斜交或相切的径向裂缝尖端的拉应力将增大，这种拉应力使径向裂缝加速扩展，反射拉伸波还能使压缩应变能加速释放，从而使气体膨胀能释放和破裂区发展都偏向反射波作用区，最终产生偏向自由面的漏斗坑，现场测量发现漏斗坑尺寸略大于 $3a \times H \times W$，（爆破的实方体积）。由于试验设计为单排 3 孔同时起爆，每次试验的爆破方量约为 0.09m³，而按原型缩放的采空区底面积为 1.76m²，并不能形成完整的爆堆，因此并没有对爆堆形态做过多分析，但从爆后追踪点的落地位置及高速摄影照片可知，台阶中部的 A2、A3、A4 层处破碎岩块被抛到爆堆前部，而处于台阶上部的 A1 层和处于台阶下部的 A5 层最终堆积在台阶根部，这和条形药包的能量分布及端部效应有关。从有效抛掷率 E_p 来看，此试验参数下有效抛掷率为 37.5%～61.2%，而原型中有效抛掷率为 30%～40%，这是由于此试验仅为单排孔，而原型现场为 8～10 排孔。可见，抛掷爆破中首排（前三排）对有效抛掷率的贡献大于后排。

从表 4-4、表 4-6、表 4-8、表 4-10 和表 4-13 中松散系数 ξ 的试验数据来看，q、W、β、m、Δt 的改变并未给 ξ 带来太大的变化，也没有呈现出明显的变化规律，但 W、β 的改变对块度分布有明显影响，在此试验参数下，过大的 W 会在台阶根部产生拉斗铲无法作业的大块，而当炮孔倾斜角度 β 大于 80° 时，药包的端部效应使得药包底部能量不足以将相似材料很好地破碎，也不能将破碎岩石抛出，因此试验 3-4 和试验 3-5 在台阶根部出现块度较大的碎块。

高台阶抛掷爆破的关键指标是有效抛掷率，从试验结果来看，在炸药单耗 q、最小抵抗线 W、炮孔倾斜角度 β 改变时，最远抛距与有效抛掷率有相似的变化规律，但炮孔倾斜角度 β 对 L_m 的影响较大，炸药单耗 q 和炮孔倾斜角度 β 对 E_p 影响较大，因此 q 和 β 是高台阶抛掷爆破设计中应该着重考虑的。

在其他爆破参数一定时，随着炸药单耗 q 的增大，L_m 和 E_p 都增大，但增速逐渐放缓，说明提高炸药单耗是提升抛掷效果的有效手段，但从经济的角度来看不能一味增加炸药单耗；在其他爆破参数一定时，随着最小抵抗线 W 的增大，L_m 逐渐减小，但减小的幅度并不大，E_p 先增大后减小，因此存在一个最优的 W 使得 E_p 最大；在其他爆破参数一定时，随着炮孔倾斜角度 β 的增大，L_m 和 E_p 逐渐减小，而且减小的幅度很大，但在实际操作过程中，炮孔倾角越小，钻机作业效率越低，发生夹钻杆的现象越严重，炮孔潮湿时越难把炸药装到孔底，因此 β 不宜小于 65°；在其他爆破参数一定时，随着炮孔密集系数 m 的增大，L_m 和 E_p 均先增大后减小，说明存在有利于台阶抛掷爆破的最佳炮孔密集系数，即最佳孔距、排距；在其他爆破参数一定时，随着排间毫秒延期时间 Δt 的延长，最远抛距 L_m 逐渐减小，且减小的幅度急剧变小，大块率（粒径≥15cm）随排间毫秒延期时间 Δt 的延长而增加，但这种增长幅度快速变小。

4.8 超动态应力应变测试技术在相似模型试验中的应用

混凝土、砂浆、岩石等材料在冲击荷载作用下的动态响应特征是力学研究人员十分关心的课题。该类动荷载具有作用时间短、冲击强度高的特征，因此对混凝土、砂浆、岩石等材料在冲击荷载作用下的力学性能开展研究有着十分重要的工程价值和学术价值。目前，研究测试炮孔周边介质爆炸应力波的方法主要有电测法，使用的传感器有电阻应变片、PVDF 压电薄膜和应变式压杆压力传感器，鉴于现有的试验设备条件，此次试验采用电阻应变片测试水泥砂浆中爆炸的应变波信号。

影响水泥砂浆中爆炸应变波测试结果准确性的因素较多，主要可以分为以下三类：第一类是在前期浇筑水泥砂浆过程中，埋入的应变片随时可能遭到水泥砂浆的碱性腐蚀作用，造成应变片失效，或是水泥砂浆在凝固过程中产生收缩而导致应变片脚线被拉断；第二类是周边环境的影响，如空气湿度、环境温度及空间电磁信号强弱；第三类是测试方法及应变计质量。有研究人员提出：通过提高超动态应变仪频率响应范围，改进应变计制作工艺，增强应变计防水、防腐蚀能力，基本可以测得较准确的爆炸应力波形。

此次测试使用四川拓普测控科技有限公司生产的 VIB-1243E 数据采集仪配套 TopView2000 软件来采集砂浆中爆炸应变波信号。VIB-1243E 是同步并行高速数据采集设备，采用 16Bit 高精度 A/D，通道连接最高采样率可达到 1MSps，板载缓存至 2G，可实现多通道高速动态信号的实时记录，适用于超声波测试、汽车碰撞、结构冲击、核爆轰、枪炮膛压、弹道测试、冲击波超压测试等应用场合。

4.8.1　电阻应变片工作原理

成都思微德科技有限公司生产的 BX120-30AA 高精度电阻应变片，电阻值为 $120\Omega\pm1\Omega$，丝栅尺寸 30mm×3.5mm，室温应变极限 20000μm/m，灵敏度系数 2.1%±2%。当应变片的金属丝受到外力时，会产生相应的机械变形，其电阻率 ρ、金属丝长度 L 和金属丝截面积 S 值均改变，从而使 R 值改变。

$$R = \rho \frac{L}{S}$$

$$\frac{\mathrm{d}R}{R} = \frac{\mathrm{d}L}{L} + \frac{\mathrm{d}\rho}{\rho} - \frac{\mathrm{d}S}{S} = \varepsilon_x + \frac{\mathrm{d}\rho}{\rho} - 2\varepsilon_y = (1 + 2\mu)\varepsilon_x + \frac{\mathrm{d}\rho}{\rho} \qquad (4\text{-}8)$$

$$\text{令 } K_s = \frac{\mathrm{d}R/R}{\varepsilon_x}, \text{ 则 } \frac{\mathrm{d}R}{R} = K_s \varepsilon_x$$

式中　ε_x——金属丝的轴向应变；

ε_y——金属丝的横向应变；

ρ——金属丝电阻率，Ω/m；

L——金属丝长度，mm；

S——金属丝截面积，mm^2。

4.8.2　电桥测量的基本原理

电桥电路是一种专门用于测量微弱变化物理量的电路，其主要作用是把电阻应变片的电阻变化率 $\Delta R/R$ 转换成电压输出，然后经放大电路放大后进行测量。当供桥电压是直流电压时，测量电桥为直流电桥；当供桥电源电压是交流电压时，则测量电桥为交流电桥。最常见的桥路形式为电阻电桥，即 4 个电阻组成桥壁，一个对角端（AC）接电源，另一个对角端（BD）作为测量电压输出。电桥的工作方式按接入被测电阻数量不同分为 1/4 桥、半桥和全桥。此次测试采用直流电压（量程 2V）为桥路供电，电阻应变片接入方式为 1/4 桥，直流电桥电路如图 4-25 所示。

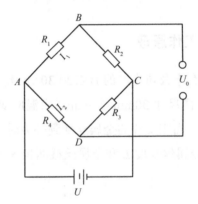

图 4-25　直流电桥电路（1/4 桥）

4.8.2.1　平衡电桥

输出待测电压 U_0 为：

$$U_0 = U_{BA} - U_{DA} = I_1 R_1 - I_2 R_2$$

$$= \frac{R_1 R_3 - R_2 R_4}{(R_1 + R_2)(R_3 + R_4)} U \tag{4-9}$$

由式（4-13）可知：若 $R_1 R_3 = R_2 R_4$，则输出待测电压为零，此时电桥处于平衡状态，称为平衡电桥。

4.8.2.2　工作电桥（1/4 桥）

这里以应变片电阻 R_1 作为工作臂，设 $R_2 = R_3 = R_4 = R_0$，$R_1 = R_0 + \Delta R$，其中 R_0 为电阻应变片的初始电阻值（常数），则输出待测电压 U_0 为：

$$U_0 = \frac{R_1 R_3 - R_2 R_4}{(R_1 + R_2)(R_3 + R_4)} U = \frac{\Delta R}{4R_0 + 2\Delta R} U \qquad （4\text{-}10）$$

当电桥用于微电阻变化测量时，$\Delta R << R_0$，则输出待测电压为：

$$U_0 \approx \frac{\Delta R}{4R_0} U = \frac{K_s \varepsilon_x}{4} U \qquad （4\text{-}11）$$

式中　K_s——电阻应变片的灵敏系数，为常数值 2.1%±2%；

　　　ε_x——金属丝的轴向应变；

　　　U——供桥电压，V；

　　　U_0——待测电压，V。

当供桥电压 U 和待测电压 U_0 都已知后，可计算出电阻应变片的轴向应变值 ε_x。

$$\delta = E_0 \varepsilon_x \qquad （4\text{-}12）$$

式中　δ——电阻应变片粘贴面的平均应力大小，MPa；

　　　E_0——粘贴电阻应变片材料的弹性模量，GPa；

　　　ε_x——电阻应变片的轴向应变值，由超动态应变仪测得。

4.8.3　电阻应变计制作及预埋设

被爆介质的应变测试是其机械变形引起应变片电阻值改变，继而产生电信号，并将电信号转换为物理信号的过程。在爆炸应变波信号测试过程中，应变片的粘贴是极为重要的一道工序。应变片的粘贴质量直接影响测试数据的稳定性和测试结果的准确性。此次针对砂浆内部爆炸应力波信号测试，需要提前制作小砖块用来粘贴应变片，且要求砖块材料力学性能与被爆介质的力学性能相近。借鉴国内高校的成功测试的经验，此次测试采用与砂浆相同材料配比，制作若干条尺寸 10cm×4cm×2.5cm

的小砖块。

为了使应变片牢固地粘贴在砖块表面，必须要对表面做处理。在粘贴应变片的区域，先用粗砂纸打磨，除去表面浮浆层，再用细砂纸沿应变片长度方向成 45°角打磨，找平表面，以保证应变片受力均匀。然后用镊子夹取医用脱脂棉球蘸丙酮清洗剂沿同一方向清洗贴片位置，直至棉球上不再出现污迹为止。

应变片粘贴之前，挤出 ergo.1690 丙烯酸结构胶，按比例 10:1 调和后，涂抹在预定位置。待应变片贴上后，在其上面垫一块聚四氟乙烯膜，然后用手指沿一个方向滚压，挤去多余胶水和胶层的气泡。用小铁块压住应变片 15min，待胶水初步固化后，即可移走。待应变片固定好后，粘贴接线端子，以连接应变片引线与导线。导线是将测到的电信号传给仪表的过渡线，不仅在砂浆内部会受到碱性腐蚀，在模型外部还会遭受电磁信号干扰。此次测试选择耐腐蚀、抗电磁干扰的 RVVP2×0.3mm² 屏蔽电缆线。在应变片与接线端子上面涂抹一遍 705 防水绝缘硅橡胶，待 24h 固化后，再在其上面涂一遍黑色环氧树脂 AB 胶，其中 A 胶比 B 胶质量比为 4:1。最后用半圆槽铁片覆盖，以起到加强防水，使应变片免遭腐蚀损坏的作用。在实验室制作应变砖的步骤如图 4-26 所示。

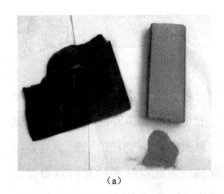
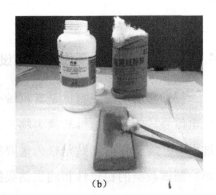

(a)   (b)

图 4-26 应变砖制作过程示意图

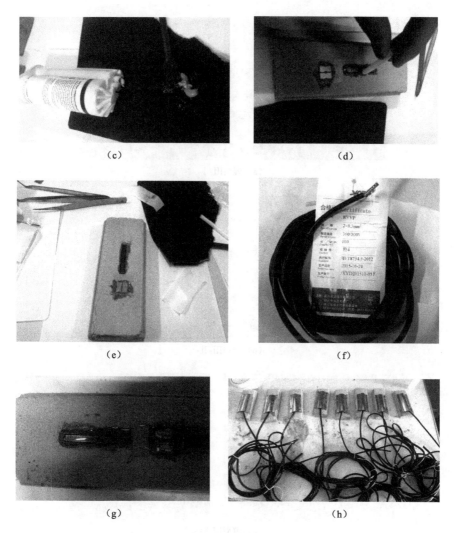

图 4-26　应变砖制作过程示意图（续）

　　将应变砖埋入砂浆内之前，还需要在应变砖表面洒水，保持其湿润，以利于增强其与砂浆之间的黏结力。应变砖预埋入砂浆内的位置如图 4-27 所示。

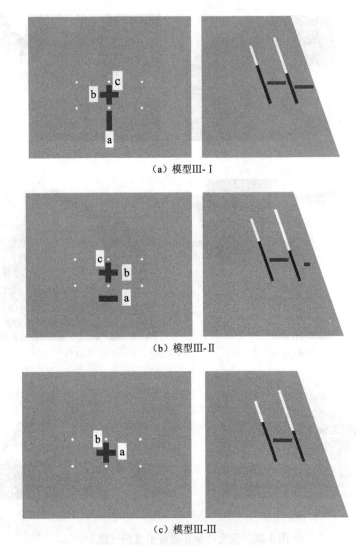

（a）模型Ⅲ-Ⅰ

（b）模型Ⅲ-Ⅱ

（c）模型Ⅲ-Ⅲ

图 4-27　应变砖预埋设位置示意图

4.8.4　TopView2000 采集参数设置及结果分析

TopView2000 的采集参数，主要是通过标准参数设置面板、触发设置对话框两种形式来设置。标准参数设置面板主要是对采集频率、采集长度、延时长度及量程等信息的设置。触发设置则是对触发方式、触发条件等信息的设置。TopView2000 具有手动触发、外触发、内触发三种触发模式。内触发又可分为本地内触发与总线内触发。本地内触发是指单张采集卡工作时的一种触发方式，内触发信号由每张卡各自提供。总线内触发是针对多张采集卡同时触发的一种触发工作方式，触发源是由其中一张卡中某一个通道提供，只要触发条件满足，所有的通道都同时开始记录，对于单张采集卡，它和本地内触发是一样的作用。触发条件满足时将触发信号传入触发总线。

文献[26]采用 HHT 方法,定量分析水泥砂浆爆破试验所测爆炸应变波的时频分布特征可以得出，爆源近中区爆炸应变波频率为几百千赫兹到几兆赫兹范围内。为了不丢失应变波信号，测试数据采集频率为 0.2～1MHz，采集长度为 10ms，延时长度为-1ms，量程为 2V，触发设置选择本地内触发。模型Ⅲ-Ⅰ～Ⅲ-Ⅲ所测爆炸应变波信号如图 4-28～图 4-35 所示。

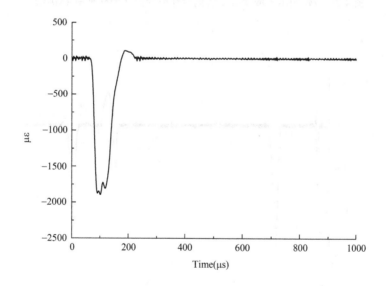

图 4-28　模型Ⅲ-Ⅰ应变片 a 所测爆炸应变波（采样频率 1MHz）

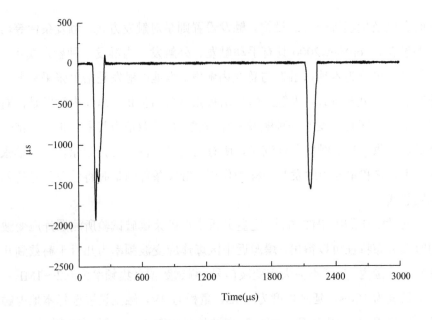

图 4-29　模型Ⅲ-Ⅰ应变片 c 所测爆炸应变波（采样频率 1MHz）

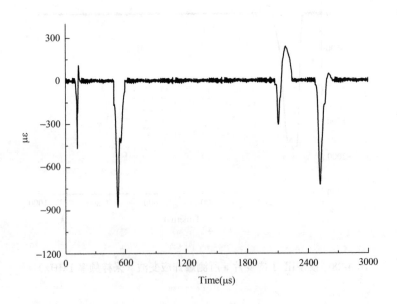

图 4-30　模型Ⅲ-Ⅰ应变片 b 所测爆炸应变波（采样频率 1MHz）

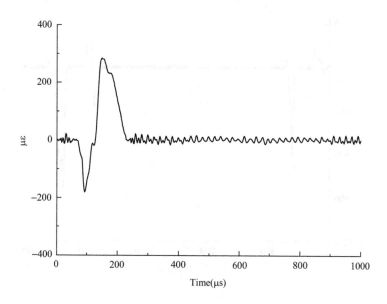

图 4-31　模型Ⅲ-Ⅱ应变片 a 所测爆炸应变波（采样频率 500kHz）

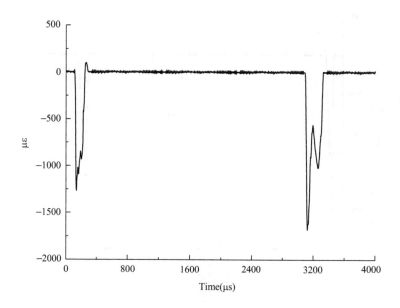

图 4-32　模型Ⅲ-Ⅱ应变片 c 所测爆炸应变波（采样频率 500kHz）

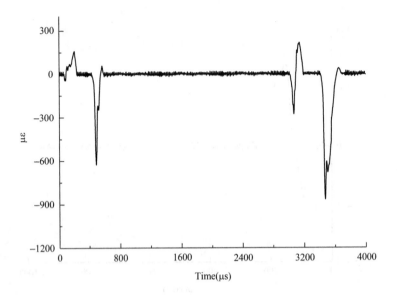

图 4-33　模型Ⅲ-Ⅱ应变片 b 所测爆炸应变波（采样频率 500kHz）

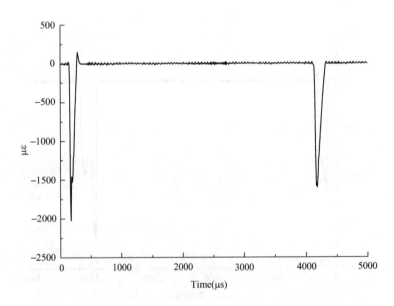

图 4-34　模型Ⅲ-Ⅲ应变片 b 所测爆炸应变波（采样频率 200kHz）

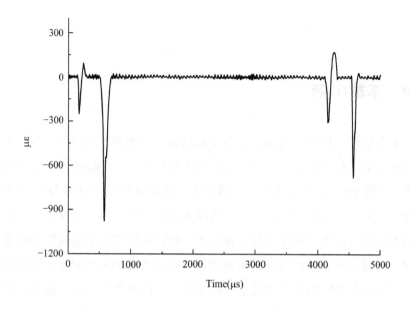

图 4-35　模型Ⅲ-Ⅲ应变片 a 所测爆炸应变波（采样频率 200kHz）

由图 4-28～图 4-35 可知，爆炸应力波在砂浆内部传播，会引起砂浆同时产生切向应变和径向应变。模型Ⅲ-Ⅰ内部应变片 a 测得径向最大拉应变 107με，最大压应变 1895με；应变片 c 测得径向最大压应变 1927με，最大拉应变 105με；应变片 b 测得切向最大压应变 877με，最大拉应变 239με。

模型Ⅲ-Ⅱ内部应变片 a 测得切向最大压应变 181με，最大拉应变 285με；应变片 c 测得径向最大压应变 1670με，最大拉应变 101με；应变片 b 先后测得切向最大拉应变 160με、216με，最大压应变 866με。

模型Ⅲ-Ⅲ内部应变片 a 测得径向最大拉应变 173με，最大压应变 978με；应变片 b 测得切向最大压应变 2023με，最大拉应变 150με。将应变波形对时间求导，可得压应变的加载率约为 $200s^{-1}$，卸载率约为 $51s^{-1}$；拉应变的加载率约为 $11s^{-1}$，卸载率约为 $3.6s^{-1}$。结合现场爆破情况分析得出，砂浆材料拉伸破坏时，拉应变峰值在 160με 以上。

4.9 本章小结

本章根据黑岱沟露天煤矿高台阶抛掷爆破技术和相似理论，对台阶抛掷爆破模型试验方案进行设计，选取炸药单耗 q、最小抵抗线 W、炮孔倾角 β（台阶坡面角 α）、孔距 a、排距 b、排间延期间隔时间 Δt 等六个主要因素，采用控制变量法进行台阶模型抛掷爆破试验，分别分析了六个主要因素对高台阶抛掷爆破作用下抛掷率、最远抛距和松散系数的影响及其规律；同时，探索了超动态应力应变测试技术在相似模型试验中的应用。

（1）在工程地质条件和其他爆破参数相同的条件下，最远抛掷距离和有效抛掷率均随炸药单耗的增大而增大，且增大的趋势逐渐变缓，因此不能靠一味地增大炸药单耗来提高爆破效果。

（2）在工程地质条件和其他爆破参数相同的条件下，有效抛掷率随着最小抵抗线的变化有先增长再下降的趋势。对于抛掷爆破来说，存在一个最优的最小抵抗线值使得有效抛掷率最大。

（3）在工程地质条件和其他爆破参数相同的条件下，最远抛掷距离和有效抛掷率均随炮孔倾斜角度（$65° \leqslant \beta \leqslant 85°$）的增大而减小，且减小的趋势逐渐变快。对于抛掷爆破来说，炮孔倾斜角度越接近 $45°$，用于抛掷的炸药能量越多，但炮孔倾斜角度越小钻孔和装药的难度越大，一般取 $65° \sim 75°$ 为宜。

（4）在工程地质条件和其他爆破参数相同的条件下，有效抛掷率随孔距的增加而增大，但当孔距增加到某一数值时，有效抛掷率开始减小；而有效抛掷率随排距的减小而增大，当排距小于某一定值时，有效抛掷率开始下降，相较于孔距，排距变化对最远抛距的影响程度要大一些。对于抛掷爆破来说，存在一组最佳孔、排距。

（5）在工程地质条件和其他爆破参数相同的条件下，最远抛距随排间

延期时间的延长而减小，且这种减小的趋势逐渐趋于缓和；大块率（粒径
≥15cm）随排间延期时间的延长而增加，且增长趋势逐渐趋于平缓。从控
制大块率和提高破碎均匀度出发，高台阶抛掷爆破的排间延期时间不宜超
过 100ms。

（6）爆炸应力波在砂浆内部传播时，会引起砂浆同时产生切向应变和
径向应变，将应变波形对时间求导，得出压应变的加载率约为 $200s^{-1}$，卸
载率为 $51s^{-1}$；拉应变的加载率为 $11s^{-1}$，卸载率为 $3.6s^{-1}$；结合现场爆破情
况分析，砂浆材料拉伸破坏时，其拉应变峰值在 1.6×10^{-4} 以上。

参考文献

[1] 张勇，李克民，郭昭华. 露天矿抛掷爆破技术研究及应用[M]. 北京：
    煤炭工业出版社，2011: 167.

[2] 吴德义，姚建东. 爆破作用与爆破抛掷机理分析[J]. 煤矿爆破，
    1998(4): 15-18.

[3] 李夕兵. 凿岩爆破工程[M]. 长沙：中南大学出版社，2011: 412.

[4] 张军. 基于神经网络的台阶炮孔爆破效果预测和优化设计方法研究
    [D]. 北京：北京科技大学，2005.

[5] Naidu H G, 宁湿波. 加拿大露天煤矿抛掷爆破的经验[J]. 世界煤炭
    技术，1990(5): 5-10.

[6] 李勇军. 露天矿宽采场中抛掷爆破的效率[J]. 中国煤炭，1996(10):
    61-62.

[7] Paul D Dupree. Applied Drilling and Blasting Techniques for Blast
    Casting at TraPPer Mine-Potential to Save on Over Burden Removal [J].
    Mine Engineering, 1987(1).

[8] Chironis N P. Blast casting pays off at Avery [J]. Coal Age, 1982,

11(87):40-43.

[9] 王平亮，周伟，杨海春，等. 高台阶抛掷爆破作用机理研究及应用[J]. 中国煤炭，2011(4): 55-58.

[10] Tagieddin S A. Applicability of blast casting technique in strip-mining phosphate rock [J]. Engineering Geology, 1992, 2(3): 127-139.

[11] 韩涛，杨维好，杨志江，等. 多孔介质固液耦合相似材料的研制[J]. 岩土力学，2011，32(5): 1411-1417.

[12] 彭海明，彭振斌，韩金田，等. 岩性相似材料研究[J]. 广东土木与建筑，2002(12): 13-17.

[13] 王辉，赵法锁，李强. 拱形抗滑桩墙支护结构体系模型试验相似材料研制[J]. 防灾减灾工程学报，2011，31(3): 311-315.

[14] 李海波，赵丽，张国兴. 施工期混凝土材料特性对其结构耐久性能影响研究[J]. 施工技术，2014(3): 48-50.

[15] 杨年华. 条形药包爆破作用机理[D]. 北京：铁道部科学研究院，1994.

[16] 杨年华. 条形药包端部效应的研究[J]. 爆炸与冲击，1997(3): 23-28.

[17] 马力，李克民，丁小华，等. 抛掷爆破岩体抛掷距离影响因素研究[J]. 工程爆破，2013(z1): 50-53.

[18] 张引良. 黑岱沟露天煤矿抛掷爆破的技术探讨[J]. 露天采矿技术，2011(2): 32-33.

[19] 张萌. 露天矿爆破工程[M]. 徐州：中国矿业学院出版社，1986(8): 101-102.

[20] 杨国华，张殿辉. 浅谈影响露天矿抛掷爆破效果的因素[J]. 内蒙古煤炭经济，2008 (6): 55-57.

[21] Kahriman A. Analysis of Ground Vibrations Caused by Bench Blasting at Can Open-pit Lignite Mine in Turkey [J] . Environmental Geology, 2002(2):53-66.

[22]　吕则欣，陈华兴. 岩石强度理论研究[J]. 西部探矿工程，2009，1(1): 5-6.

[23]　余永强. 层状复合岩体爆破损伤断裂机理及工程应用研究[D]. 重庆：重庆大学，2003.

[24]　侯爱军. 石灰岩在爆炸载荷作用下的破坏机理试验研究[J]. 爆破，2009(1): 6-9.

[25]　段乐珍，徐国元，陈寿化. 爆炸加载下的瞬态应变实验研究[J]. 采矿技术，2003，3(4): 15-17.

[26]　杨仁树，高祥涛，车玉龙，等. 基于 HHT 方法的爆炸应变波时频分析[J]. 振动与冲击，2014(10): 17-21.

[27]　刘志. 水下爆炸冲击波的传播特性试验研究[D]. 成都：西南交通大学，2010.

[28]　褚怀保，徐鹏飞，叶红宇，等. 钢筋混凝土烟囱爆破拆除倒塌与受力过程研究[J]. 振动与冲击，2015(22): 183-186，198.

[29]　高祥涛，解北京. 岩石中爆炸应变波信号测试与分析[J]. 爆破，2013，30(2): 41-46.

[30]　司剑峰，钟冬望，黄小武，等. 钻孔爆破孔间最佳延时时间模型试验研究[J]. 金属矿山，2015(6): 19-23.

[31]　杨仁树，曹文俊，陈程，等. 单—双孔爆炸荷载作用下应变测试试验[J]. 中国煤炭，2015(10): 49-52.

[32]　单仁亮，周纪军，夏宇，等. 爆炸荷载下锚杆动态响应试验研究[J]. 岩石力学与工程学报，2011，30(8): 1540-1546.

[33]　马芹永，袁璞，韩博，等. 立井井筒掘进爆破模型试验超动态应变测试系统设计[J]. 爆破，2013，30(4): 50-53, 74.

[34]　赵建平. 近中区瞬时爆炸波识别及其作用规律研究[D]. 长沙：中南大学，2009.

[35]　梁为民，Liu Hongyuan，周丰峻，等. 不耦合装药结构对岩石爆破的影响[J]. 北京理工大学学报，2012，32(12): 1215-1218，1228.

[36] 王平亮，周伟，杨海春，等. 高台阶抛掷爆破作用机理研究及应用[J]. 中国煤炭，2011(4): 55-58.

[37] 任占营，杨仁树，狐为民. 黑岱沟露天矿爆破数字化综合处理系统[J]. 露天采矿技术，2015(12): 55-58.

[38] 康海江，许晨，李涛. 黑岱沟露天煤矿抛掷爆破效果综合评价[J]. 露天采矿技术，2012(4): 80-82.

[39] 饶运章，黄永刚. 基于响应面优化法的爆破参数优化研究[J]. 矿业研究与开发，2016(5): 46-49.

[40] 张兆亮，马力，彭洪阁，等. 基于云模型的露天矿抛掷爆破效果综合评价[J]. 工程爆破，2013(z1): 40-43.

[41] 于灯凯，陈庆凯，雷高，等. 孔底起爆对台阶爆破效果影响研究[J]. 黄金，2015(12): 35-37.

[42] 李祥龙. 孔距、排距对高台阶抛掷爆破抛掷率的影响[J]. 北京理工大学学报，2011(11): 1265-1269.

[43] 顾红建，仪海豹，黄凯和，等. 露天矿爆破飞石形成机理仿真分析研究[J]. 铜业工程，2014(1): 32-36.

[44] 李祥龙，刘殿书，何丽华，等. 露天煤矿的台阶高度对抛掷率的影响[J]. 爆炸与冲击，2012(2): 211-215.

[45] 李祥龙，何丽华，栾龙发，等. 露天煤矿高台阶抛掷爆破爆堆形态模拟[J]. 煤炭学报，2011(9): 1457-1462.

[46] 周伟，才庆祥，李克民. 露天煤矿抛掷爆破有效抛掷率预测模型[J]. 采矿与安全工程学报，2011(4): 614-617.

[47] 乔燕珍，张周爱，马力. 露天煤矿抛掷爆破与端帮靠帮开采应用研究[J]. 煤炭技术，2017(2): 23-25.

[48] 肖建光，郑元枫，余庆波，等. 抛掷爆破混凝土介质飞散行为研究[J]. 北京理工大学学报，2016(10): 1015-1018.

第 5 章
Chapter 5

相似模型爆破试验中的高速摄影观测

爆破过程是瞬间高速完成的。要对爆破过程及爆破效果进行研究，就应该把爆破结果与爆破过程统一起来分析，特别是准确地测量出起爆后岩层表层的速度场及破碎岩块抛掷过程中速度的变化规律。高速摄影技术恰好可以满足这两个条件，它可将爆破过程完全记录下来，然后再进行定性和定量研究。

本章首先介绍高速摄影技术的基本原理，然后结合爆破漏斗模型试验和台阶抛掷爆破模型试验的要求设计拍摄方案，同时利用高速摄影系统对试验过程进行高速摄影，最后对获得的影像进行分析。

5.1 高速摄影观测基本原理

5.1.1 高速摄影技术简介

人类观察和研究客观物理世界主要靠的是视觉感官，但人眼的感受能力是有限的。电影拷贝其实是由一幅幅独立的画面组成的，放映时以 24 幅/s 的速度逐幅切换投影到银幕上，画幅切换的瞬间放映机的遮光器是遮住光线的，此时银幕上是没有亮光的，但人眼并没有感受到那一瞬间银幕变黑的过程，仍感觉画面是连续的，这说明人眼对时间的分辨能力低于 1/24s。研究表明，人眼对于落在视网膜上的两个相邻物点的像距小于 0.1mm 的物体形象或是观察高速运动的物体，高速变化的过程都是难以分辨的，人眼对快速过程的观察能力受"视觉暂留"时间的局限，这个时间大约为 0.1s。

人们借助光学显微镜或电子显微镜，大大提高了对微小物体的鉴别能力；而对于高速运动的物体和高速变化的过程，可借助高速摄影技术，先将这个高速运动过程记录下来，再人为地将时间"放慢"，这样就可弥补人眼化 0.1s 的"视觉短暂"局限，从而对高速变化过程中的细节进行研究。

高速摄影是将高速变化过程的空间信息和时间信息记录在同一载体上的技术手段，记录的是具有一定空间分辨和同时具有人眼难以响应的时间分辨的高速图像光信息。高速摄影技术是专门研究如何实现对各种快速运动目标进行光学成像、完成高速光电转换和图像记录的技术。初期以胶片为记录材料，拍摄频率和拍摄时长都有很大局限，目前已发展到集光学、高速成像、高速图像存储与处理等多项技术于一体的数字化集成技术。

高速摄影是人眼视觉能力在时间分辨能力方面的延伸，可以应用于一切我们想要探究的快速现象。第一次高速摄影是由英国化学家、语言学家及摄影先驱亨利·塔尔博特完成的。1851 年，塔尔博特将《伦敦时报》的一小块版面贴在一个轮子上，让轮子在一个暗室里快速旋转。当轮子旋转时，塔尔博特利用来自莱顿电瓶（一种聚集电荷的容器，电容器的前身）的闪光（速度为 1/2000s），拍摄了几平方厘米的原版面。最终结果是获得了清晰的图像，它好像是从一种静止的实体上拍下来的，但实际上却是运动中的实体。

在录像带、硬盘、光磁材料等记录介质出现之前，高速摄影技术主要以胶片为记录介质，不仅操作困难、成本高昂、精度不高，而且实时性差，不能实现即拍即回放。20 世纪 60 年代以来，随着磁记录技术的发展，产生了第一代高速摄影系统，但受芯片处理速度和储存介质的限制，满画幅最高只能达到 120 幅/s 的摄像速度。经过 50 多年的发展，目前的高速摄影仪以高感光度 CMOS 为传感器、高速 DRAM 为储存介质，不仅实现了高分辨率下的高速拍摄和长时间拍摄，而且还可以通过多种信号实现同步触发。近年来，还出现了多头型高速摄影仪，一台设备连接两个甚至更多摄像头，同时对一个高速运动过程进行立体拍摄，最后通过软件合成三维运动过程，实现了对高速运动过程多角度、全方位拍摄。

5.1.2 高速摄影的分类

高速摄影机综合使用了光、机、电、光电传感器和计算机等一系列技术。按摄影速度高速摄影机可分为低高速摄影机（24～300 幅/s）、中高速摄影机（300～1000 幅/s）、高速摄影机（1000～100000 幅/s）、超高速摄影机（100000 幅/s 以上），按其记录图像介质不同可分为模拟式高速摄影机和数字式高速摄影机。

5.1.2.1 模拟式高速摄影机

模拟式高速摄影机发展历史长、品种多，主要有光机式高速摄影机和光电子类高速摄影机两类。

1. 光机式高速摄影机

使用几何光学原理及高速运转的机械构件实现对快速运动现象进行观测记录的设备，统称为光机式高速摄影机，主要有以下三类：

（1）间歇式高速摄影机：在拍摄过程中胶片都是作间歇运动的，胶片在曝光时处于静止状态，定时遮光器（叶子板）的缺口正好处在片门上，遮光器转过一个角度后，遮住曝光窗口，胶片就移动到下一个画幅的位置，停留在光门处，当遮光器再次转过一个角度时，继续曝光。这样不断重复上述过程，就得到一系列画幅。由于间歇式高速摄影机是一次成像，具有较大的相对孔径和很高的动态分辨率，但胶片在此运动过程中要承受很大的冲击荷载，因此胶片运动速度不能太快，拍摄频率不能太高，35mm 的间歇式高速摄影机，拍摄速度上限为 360 幅/s。

（2）光学补偿式高速摄影机：胶片连续运动，采用光学补偿原理使曝光时成像与底片运动同步，被摄物体经相机中的光学系统和补偿光学元件后，在曝光时间内图像与胶片作同向、同速运动，图像与胶片之间保持相对静止。这类高速摄影机的拍摄频率较宽，一般由几十幅/s 到几万幅/s。光学补偿式高速摄影机结构简单，操作方便，体积小且造价低，广泛应用于研究各种发光和不发光（需加照明装置）的快速现象。

（3）转镜式高速摄影机：间歇式和光学补偿式高速摄影机都受到机械强度的限制，胶片的线速度只能达到每秒几十米的范围。转镜式高速摄影机采用旋转反射镜的原理，胶片静止不动，被拍摄物体的图像通过相机反射镜的高速旋转随时间展开。其优点是自动化程度高且有很宽的频率范围。分幅式转镜高速摄影机最高拍摄频率可达 2000 万幅/s，扫描式转镜高速摄影机的时间分辨率达 10^{-9}s。

2．光电子类高速摄影机

使用电光效应、光电效应及脉冲电光源的高速摄影机属于光电子类高速摄影机。

（1）闪光摄影：闪光可以是火花放电，也可以是激光脉冲。闪光持续的时间就是相机的曝光时间，一般火花放电的持续时间可短至 10^{-9}s 量级，激光脉冲更是可以达到 10^{-15}s 量级。闪光摄影每次可获得一幅图像，若使用一次放电的火花阵列或序列激光脉冲，也可获得多幅图像。当使用 X 射线闪光时，就形成了 X 射线高速摄影机。

（2）克尔盒高速相机：以克尔盒为快门构成的单幅相机。克尔盒是利用某些液体在电场作用下的双折射克尔效应和光的偏振原理设计成的高速快门，施加电压脉冲的克尔快门，单幅图像曝光时间可达到 10^{-9}s，使用光克尔盒的相机，曝光时间可达 10^{-12}s，但是克尔快门对入射光损失很大，关闭时，漏光现象严重。

（3）变像管高速摄影：以变像管为成像器件的高速相机。用作扫描摄影时，其分辨能力为 5×10^{-13}s，商业分幅相机的最高分辨率为 6×10^{8} 幅/s。

5.1.2.2　数字式高速摄影机

随着电子技术和信息技术的飞速发展，数字式高速摄影机也应运而生。与传统的光学机械式高速摄影机完全不同，它不需要光束转移，既没有高速运动的部件，也不需要胶片记录，所得图像为电子图像，可以方便地利用计算机进行输出和数据处理。

数字式高速摄像机以某种金属氧化物半导体（如 CCD、CMOS）为感光芯片。其基本功能是把活动的光学图像转换成电信号，优点是结构精细、体积小、坚实可靠、工作电压低。它采用大容量集成电路存储芯片为记录介质，实现对快速变化现象的捕获、记录和即时重放。数字高速摄影机技术发展迅速，目前数字高速摄影机的图像分辨率可以达到 2048 像素×2048 像素，频率已达到 2000 万幅/s 以上。

5.1.3 数字式高速摄影系统原理

工业相机是机器视觉系统中的一个关键组件，其本质的功能就是将光信号转变成为有序的电信号。选择合适的相机也是机器视觉系统设计中的重要环节，相机不仅直接决定了所采集到的图像分辨率、图像质量等，同时也与整个系统的运行模式相关。由于高速摄像的曝光时间很短，电子噪声累积效应可以忽略，具有体积小、功能多、高速成像性能好、价格低等优势，其成像器件主要有电荷耦合器（CCD）和互补金属氧化物半导体（CMOS）两类。

5.1.3.1 CCD

CCD 是一种固体摄像器件，其基本功能是把活动的光学图像转换成电信号。优点是结构精细、体积小、坚实可靠、工作电压低。

面阵 CCD 图像传感器由成像区、暂存区、水平输出移位寄存区和输出电路组成。成像区有 m 个线列图像传感器并排组成，每个线列包括 n 个光敏元件，形成一个电荷转移沟道。每列之间由沟阻隔开，驱动电极在水平方向横贯光敏面，这样就组成了具有 m 像素×n 像素的成像光敏面。当加上积分脉冲后，便在成像区形成一幅具有 m 像素×n 像素的"电荷像"。暂存区的结构与成像区相同，只是上面有遮光层，光线不能射入。当成像区的积分期结束后，所积累的电荷包在成像区时钟脉冲和暂存区时钟脉冲的驱动下，逐行向暂存区并行转移。经过 n 个周期，成像区便进入下一个积分期。与此同时，暂存区内由电荷包形成的"电荷像"逐行并行进入输出移位寄存器。由于输出移位寄存器驱动时钟脉冲的频率远高于暂存区的，因此暂存区内储存的电荷包很快一扫而空，并等待下一帧电荷包的到来。

5.1.3.2　CMOS

CMOS 图像传感器是固态传感器中的一类成像芯片，与 CCD 的基本原理一致，都是将光信号转化为电信号来储存和转移。两者的区别在于：在 CCD 设备中，电荷实际上在芯片中流动，并在队列的一端读取，需要A/D（模拟/数字）转换器将各像素的值转化为数字。而在大部分 CMOS 设备中，是使用传统电路放大和移动电荷，不需要模数转换，各像素可以单独读取。相对于电荷耦合器件图像传感器，其主要优点是把光敏元件、放大器、转换器、存储器、数字信号处理器和计算机接口电路集成在同一块芯片上，其结构简单、功能多、成品率较高、价格相对低廉。其缺点是光敏成像时，暗电流的电子热噪声随时间的累积效应比图像传感器要大。而对于高速摄像来讲，由于曝光时间很短，电子噪声累积效应可以忽略，加上 CMOS 芯片可以在任何一条标准的硅生产线上制造，价格比 CCD 要便宜得多，目前在高速摄像机中得到广泛应用。

位于相机内部心脏位置的 CMOS 传感器是一种有源像素 CMOS 传感阵列（APS），在它的上面集成有电子快门，用来控制曝光时间，试验中可以通过软件调整快门速度。

数字式高速摄影系统原理如图 5-1 所示。数字式摄影机采用固体成像器件作为记录介质，成像光束照射到 CCD 面阵器件上，形成电荷像。根据驱动电路的频率，输出一定拍摄频率的视频信号，经放大后可以记录或显示。

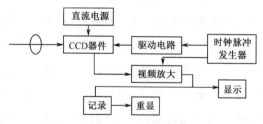

图 5-1　数字式高速摄影系统原理

拍摄时，外部光信号通过镜头被收集并聚焦到相机内部的 CMOS 传感器上，然后光信号被转化成模拟电压信号后输送到 A/D 转换器阵列转换成数字量阵列信息，并暂时存储在相机内部的缓冲存储器中；拍摄结束后，用户可根据需要将缓冲储存器中的图像信息通过以太网线和 GigE 接口下载到计算机的储存器，方便对拍摄影像的进一步处理和分析。

相机内部的缓冲储存器被设计成环形储存结构，当相机处于 ARM 模式时，拍摄的影像不断在储存器中储存和覆盖，当拍摄影像容量大于缓冲储存器所能容纳的最大容量时，接下来拍摄到的这组图像就会覆盖储存器中最早的一帧图像，直到摄像机接收到触发信号后缓冲储存器才会对最终的拍摄影像进行储存。相机内部的时钟控制电路负责控制拍摄频率、画幅分辨率、电子快门曝光时间、影像储存方式、触发方式等，高速摄影仪通过 GigE 接口用太网线与装有配套软件的计算机相连，使用时通过计算机软件设定具体拍摄参数。

5.1.4 高速摄影机的基本性能参数

普通高速摄影机的成像原理和储存方式与目前流行的数码相机相似，不同点在于高速摄影机对快门速度和储存速度上的高速要求，这就使得高速摄影不可能像普通摄影一样拥有很大的画幅和饱满的色彩还原度，因此需要对物距、曝光时间、快门速度、分辨率、记录模式等参数和设置进行精确计算和分析，使最终的拍摄影像能够达到定量分析的目的。以下是几个在爆破试验中应该重点关注的摄影参数。

（1）摄像频率。摄像频率是指每秒钟拍摄所获得的图像幅数。摄像频率是运动分析中一个必须考虑的重要参数，如果设置的摄像频率太低，摄像机可能就不能得到足够清晰的图像；相反，若摄像频率过高，在图像序列中，前后两幅图像中运动差异很小，对运动分析意义不大。此外，摄像机存储空间是有限的，提高摄像频率，拍摄总时长必然要缩短，就有可能出现不能采集到完整运动过程的情况。

（2）画幅分辨率。画幅分辨率是指摄影机一次采集一幅图像的像素点数，一般是直接与图像传感器的像元总数对应的，用水平和垂直方向总像素数表示。像素是图像最小可辨认单元，目前高速摄影机分辨率范围为64pixels×16 pixels～2048pixels×2048pixels。摄影机的分辨率是摄影机最主要的性能指标之一，其大小受图像传感器限制。

（3）像元尺寸。像元大小和分辨率共同决定了相机靶面的大小。目前摄影机像元尺寸一般为 3～10μm，一般像元尺寸越小，制造难度就越大，图像质量也越难提高。

（4）像素深度。像素深度是指存储每个像素所用的位数。常用的是 8Bit,10Bit, 12Bit 等。像素深度决定了彩色图像的每个像素可能有的颜色数，或者说是决定了灰度图像的每个像素可能有的灰度级数。例如，一个像素共用 8Bit 表示，则像素的深度为 8Bit，每个像素可以是 256（2 的 8 次方）种颜色中的一种。在这个意义上，往往把像素深度说成是图像深度。一个像素的位数越多，它能表达的颜色数目就越多，它的深度就越深，但在同样的分辨率情况下图像文件就越大。

（5）光谱响应特性。光谱响应特性是指图像传感器对不同光波的敏感特性，一般响应范围是 350～1000nm。一些相机在镜头前加了一个滤镜，滤除红外光线。当系统需要对红外感光时，可去掉该滤镜。

（6）曝光方式和快门速度。由于线阵相机都采用逐行曝光的方式，可以选择固定行频和外触发同步的采集方式，曝光时间可以与行周期一致，也可以设定一个固定的时间。面阵工业相机有帧曝光、场曝光和滚动行曝光等几种常见方式，数字工业相机一般都提供外触发启动的功能。快门速度一般可到 1～10μs，高速工业相机还可以更快。

5.1.5　高速摄影机基本参数的确定

清晰图像是高速射摄影技术应用的前提，在爆破工程中，要想获得清晰的可供研究分析的图像，需要注意的问题很多。其中拍摄目标特性的预估，摄影机的布置，镜头焦距大小的确定，拍摄频率、摄影机与摄影对象的同步等，都需要提前进行计算和预估，从而在拍摄前对摄影机的拍摄参数进行设置。拍摄目标的特性因为具体研究对象的不同而不同。

5.1.5.1　镜头焦距和物距

首先确定研究对象范围。设研究对象空间尺寸为 $W \times H$，摄影机所具有的画面尺寸为 $w \times h$，那么根据横向放大率的定义（像的横向大小和初始物体的横向大小之比），可得横向放大率 β 为：

$$\beta = w/W = h/H \tag{5-1}$$

然后确定焦距 f 和物距 s 的关系。在一般情况下 $s >> f$，根据成像原理，为了保证被拍摄物体能在 CMOS 芯片上清晰成像，横向放大率 β 与物镜的焦距 f 和摄像距离 s 关系为：

$$\beta = f/s \tag{5-2}$$

因此，根据镜头的焦距 f 就可以确定物距 s：

$$s = f/\beta \tag{5-3}$$

在爆破工程中，出于安全考虑或受摄像场地的限制，可以先确定摄像物距 s，再计算出所需要的物镜焦距 f。

由以上讨论可知，确定镜头焦距或物距的关键是确定横向放大率。因此，物距就可以根据镜头的焦距确定，当然在镜头焦距和摄影机确定的情况下，能够拍摄清楚的对象空间尺寸也是确定的。一般情况下，高速摄影机能拍摄的画幅比普通相机要小，在分辨率的限制下，拍摄速度越快，拍摄画幅越小，因此需要设定一个重点拍摄部位，充分利用摄影机的性能，使拍摄对象充满整个画幅，尽量少留白幅。

5.1.5.2　曝光时间和快门速度

曝光时间指图像传感器受光线照射的时间，是每次快门打开到关闭的时间间隔，也就是为了将光投射到照相感光材料的感光面上，快门需要打开的时间，因此曝光时间越长，进光量越多，拍摄的影像就越亮，相反越暗。高速摄影机的电子或机械快门控制着进入图像传感器的曝光量。曝光时间由快门速度控制，快门速度越快，曝光时间越短。

曝光时间很大程度上决定了拍摄图像的清晰程度，对于运动物体，拍摄目标是在不断地运动着的，而高速摄影机每拍一幅图像，从空间采样到将其转换电量是需要时间的，这样在拍摄一幅画面（曝光）期间，目标的像产生移动，从而使成像模糊，称为"运动模糊"。图像的模糊量不能超过弥散圆的直径 d，高速摄像系统的弥散圆直径典型值约为两个像元尺寸。因此，在拍摄一个画幅时间内，如果影像移动了两个像元或者一对扫描线，则这个目标的成像就可能模糊。拍摄目标的影像相对运动速度与横向放大比成正比，如果拍摄物体较远，则影像的相对运动速度较小。若图像传感器尺寸、视场的大小、目标运动速度和像元数已知，那么获得清晰成像的快门速度就可以计算出来。设目标运动速度为 v，图像的模糊量 b：

$$b = tv\beta\cos\theta \qquad\qquad (5\text{-}4)$$

式中　θ ——拍摄目标运动方向与图像平面间的夹角，(°)；

　　　t ——曝光时间，s。

在一个画幅的曝光时间内，当影像移动速度产生的影移量小于 2 个像元时，才能得到清晰成像。因此，要得到清晰成像，曝光时间必须满足式（5-5）。

$$b = tv\beta\cos\theta \leqslant 2l \qquad\qquad (5\text{-}5)$$

式中　l ——摄影仪感光元件 1 个像元的边长，m。

当摄影机镜头主光轴方向与被拍摄物体运动方向垂直时，目标运动方向与图像平面间的夹角为 0°，此时的曝光时间应满足式（5-6）。

$$t \leqslant \frac{2l}{v\beta} \qquad\qquad (5\text{-}6)$$

5.1.5.3　摄影频率与运动物体的关系

确定摄影机的摄像频率不仅需要考虑拍摄对象的运动速度，还应该考虑研究的范围大小及需要的画幅数量等。如果设置的摄影频率太低，摄影机可能就不能得到足够清晰的图像；相反，若摄影频率过高，在图像序列中前后两幅图像中运动差异很小，对运动分析意义不大。此外，摄影机的存储空间是有限的，提高摄像频率，拍摄总时长必然要缩短，就有可能出现未能采集到完整运动过程的情况。

目前，大多数的高速摄影机都采用不同拍摄频率和不同画幅尺寸组合的形式，采用较小的图像尺寸时可以获得较高的拍摄频率，调低拍摄频率时画幅尺寸就可以增大，这样既可以充分利用摄影机宝贵的储存空间，又可以获得更长的拍摄总时长。表 5-1 为部分 HotShot1280cc（2GB 版本）高速摄影机拍摄频率和画幅尺寸组合。可见在储存空间一定时，拍摄频率和画幅最大分辨率是不可兼得的。

表 5-1 部分 HotShot1280cc 高速摄影机拍摄频率与画幅尺寸组合

拍摄频率（fps）	最大分辨率（pixels×pixels）	拍摄时长（s）
100	1280×1024	16.02
500	1280×1024	3.20
1000	1024×612	3.35
1500	768×536	3.40
2000	640×444	3.70
10000	768×72	3.80
100000	144×4	36.46

摄像频率也是根据所要求的成像清晰度确定。对于无独立快门的摄影机，因为，曝光时间与拍摄频率成倒数关系，所以最低拍摄频率 N 为：

$$N = \frac{v\beta\cos\theta}{2l} \tag{5-7}$$

5.1.5.4 分辨率与最小可识别对象

根据空间采样定律，在图像平面内，最小的目标或其位移量在视场内的影像尺寸应大于两个像元才能辨认，如果最小目标或位移量的成像尺寸小于两个像元尺寸，则无法辨认。

摄影机分辨率也可以用每毫米线对数 lp/mm（理论极限分辨率）表示。

分辨率与像素关系为：

$$理论极限分辨率 = \frac{1}{2 \times 像素尺寸} \times 1000 \qquad (5\text{-}8)$$

例如，假设像元尺寸为 16μm，则其理论极限分辨率为 31.25lp/mm。

分辨率与最小可识别对象尺寸 $W_{\min}$ 的关系为：

$$W_{\min} = 2l / \beta \qquad (5\text{-}9)$$

如果考虑物体的运动模糊量，则为：

$$W_{\min} = 4l / \beta \qquad (5\text{-}10)$$

5.1.5.5　景深与拍摄方向问题

景深（D_{OF}）是在给定光圈和模糊量大小的条件下，能获得清晰图像的被摄像对象空间深度范围。景深以沿光轴方向的后景距离 D_2 与前景距离 D_1 的差值表示，即：

$$D_{\mathrm{OF}} = D_2 - D_1 \qquad (5\text{-}11)$$

与调焦距 D 相应的前景距离 D_1（清晰范围的起点距离）和后景距离 D_2（清晰范围的终点距离）分别为：

$$D_1 = \frac{Df^2}{f^2 + Dkb} = \frac{f^2}{kb} \cdot \frac{D}{\left(\dfrac{f^2}{kb} + D\right)} = \frac{HD}{H + D} \qquad (5\text{-}12)$$

$$D_2 = \frac{Df^2}{f^2 - Dkb} = \frac{f^2}{kb} \cdot \frac{D}{\left(\dfrac{f^2}{kb} - D\right)} = \frac{HD}{H - D} \qquad (5\text{-}13)$$

式中　f——摄像机焦距，mm；

　　　k——光圈数；

　　　b——模糊量大小；

　　　H——超焦点距离，即超焦距，又称无穷远起点，mm，且 $H = \dfrac{f^2}{kb}$。

从摄影角度来看，超焦距以远的目标，其距离都可以认为是无穷远的，且图像均是清晰的。在工业测量中，被测目标与摄影机间的距离有时会小于超焦距，甚至远小于超焦距。

与调焦距 D 相应的景深 D_{OF} 为：

$$D_{OF} = D_2 - D_1 = \frac{HD}{H-D} - \frac{HD}{H+D} = \frac{2HD^2}{H^2-D^2} \qquad (5-14)$$

在工业测量中，必须使目标物处在景深范围之内，以获得清晰的图像。从以上的分析可以知道，景深与所选择摄影机物镜的焦距 f 所选择的光圈数 k、模糊量 b 及调焦距 D 有关。

当运动物体（如飞石）沿着摄影机主光轴方向往摄像点运动或远离摄像点运动，即使曝光时间很长，在靶面上成像也没有影移量，但随着运动物体逐渐运动出清晰成像的景深深度范围，成像将逐渐变得模糊，直至无法辨认，这在实际拍摄中应注意。

5.1.5.6　记录模式选择

与普通相机现拍现存、拍完即存的储存模式不同，高速摄影由于数据量巨大，数据产生速度非常快的特点，内存的限制不可能做到保存大量拍摄信息，从表 5-1 中可以看出，在 1000fps/1024pixels×612pixels 下，2GB 的摄影机也仅能连续拍摄 3.35s。当然，对于瞬间完成的爆炸过程来说，3.35s 是足够的，关键就在于让摄影机知道在何时开始记录，因此有了记录模式的选择。

数字高速摄影机提供了几种记录模式。其中最有用的记录方式是可连续记录等待触发模式。这种记录模式是传统胶片摄影机无法达到的，是数字式摄影机的最明显特征之一。在连续记录模式下，图像连续拍摄，最新图像不断替换较早拍摄的图像，可保证从触发信号到达直到需要停止为止这段时间内，所有图像均被记录和存储。能实现这个功能是因为摄影机存储器是按环形结构设计的，当拍摄时间大于缓冲存储器所能容纳图像信息的时间长度时，最后拍摄的一帧图像就会覆盖掉最早拍摄的一帧图像。

数字摄影机记录模式的另一个特点是允许通过外同步触发方式来拍摄某一事件出现前后的图像。对于拍摄不可预见或突发的事件，这种特殊触发方式是唯一可行的方法。

5.1.5.7　摄影机与被拍摄动作的时间同步

高速摄像系统工作持续时间的短时性和高速摄影对象运动的瞬时性决定了应该将摄影机启动时间和拍摄对象运动时间进行同步,而且对于运动规律分析来说,准确地知道任意运动时刻的运动时间是非常重要的。目前高速摄影系统与被拍摄过程同步触发的方式有三种:一是摄影系统接收拍摄过程的触发信号;二是同时给拍摄对象和摄影系统触发信号;三是由摄影系统的启动信号触发拍摄对象。

5.1.5.8　摄像时的照明

在极短的时间内,使像面得到满足传感器要求的目标曝光,是高速运动目标拍摄成功的关键。摄像速度高到一定程度后,配置照明光源是必不可少的。

合适的像面曝光能够提供摄像机高质量成像所必需的光能量。它既与曝光时间、记录介质的特性、相对孔径、摄像镜头的透过率及入射到靶面上的照度有关,又与被拍摄对象的亮度、反射特征、表面光吸收及照度角分布有关。

照明方案的制订,应该结合具体试验和摄像机性能等实际情况,抓住像面所需照度和待测物体的表面特征,选择合适的照明光源和方法。

1. 照明系统设计的主要因素

(1)摄像机的视场:先根据被拍摄对象的尺寸确定摄像机的视场,再根据视场的大小决定合适的照明系统。

(2)照明系统与被拍摄对象的距离:照明系统设计要全面了解摄像机和照明系统分别到被拍摄对象的距离。

(3)被拍摄对象的表面特征:主要考虑被拍摄对象的亮度、反射特征、表面光吸收及照度角分布。

(4)成像物镜:一般应针对确定的成像物镜进行照明系统设计,目

标上的划痕等缺陷能否被显现、表面上的印纹是否能辨认是其主要检验
标准。

（5）照度：对于既定元件，曝光量应该限制在一定范围内，其上限
为饱和曝光量 Q_{sat}。两次采样间隔时间 t 内图像传感器光敏面上任何点的
照度 E 应满足：

$$E < \frac{Q_{sat}}{t} \tag{5-15}$$

同时，要通过相对孔径的选择来达到像面照度与图像传感器的光敏特
性相匹配。

2. 基本照明方法

在高速摄像测量系统使用过程中，采取合适的照明方法可以获得较好
的拍摄效果。

基本的照明方法有以下四种。

（1）顺光照明：把光源放在镜头的后侧或邻近对拍摄对象进行照明。
顺光照明是最基本的照明方法。

（2）逆光照明：光源从拍摄对象的后方对半透明的拍摄对象进行照明。

（3）侧光照明：光源从拍摄对象的侧方以某一角度对拍摄对象进行照
明。反差较小的物体，小角度侧光照明可增强某一部位的细节。

（4）补光照明：光源从拍摄对象的侧方或上方对拍摄对象进行照明，
可以去掉阴影或其他暗区域。

爆破过程的现场高速摄像观测，一般在日光照明下就能够满足成像要
求。阴天时，画面反差小而平淡，现象轮廓不清晰，不适合进行拍摄。应
该在晴天时进行爆破过程的高速摄像观测，最好是顺光或侧光拍摄，以选
择能使拍摄对象突出的背景为佳，背景不理想时，可通过撒布白灰等方法
对拍摄背景予以适当加工。

5.2　爆破漏斗模型试验中的高速摄影观测

■ 5.2.1　高速摄影观测方案

在进行爆破漏斗试验过程中（试验过程和试验方案详见 3.5 节），采用 NAC 的 HotShot1280cc 高速摄影机对试验过程进行拍摄，配备尼康 AF 50mm f/1.8D 镜头，拍摄过程采用单机垂直摄影技术（摄像主光轴线与爆破对称面垂直的摄影方法）。为了使拍摄图像清晰度既能满足鼓包运动分析的要求，同时又考虑充分发挥高速摄影机的性能，试验采用拍摄频率为 1000 幅 / s，分辨率为 1024×612 的摄影机。在摄像主光轴方向药包中心正后方设置了固定比例尺，方便对鼓包运动规律进行分析；用高强度有机玻璃对摄影系统进行保护，摄影系统与起爆器相连同步触发拍摄。高速摄影布置方法如图 5-2 所示，高速摄影现场布置如图 5-3 所示。

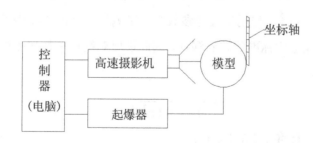

图 5-2　高速摄影布置方法

图 5-3　高速摄影现场布置

5.2.2　高速摄影观测结果

5.2.2.1　爆破漏斗试验效果

按照设计的爆破方案对水泥砂浆模型进行逐一爆破，选取了两个试验过程，利用高速摄影系统对模型表面中心位置同时进行拍摄，模型爆破漏斗形状如图 5-4 所示。爆破之后对每个模型形成的爆破漏斗的体积、漏斗半径 r、漏斗深度、作用半径等参数进行了测量，从图 5-4 中可以看出各个模型均不能形成标准的爆破漏斗，因此需要对统计单耗按鲍氏公式进行修正：

$$K_{b} = \frac{K}{0.4 + 0.6n^{3}} \tag{5-16}$$

式中　K_b——标准单耗，kg/m^3；

K——统计单耗，kg/m^3；

n——爆破作用指数，$n=r/W$。

（a）1号模型清理前轮廓

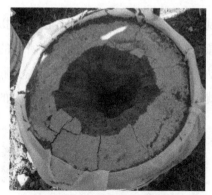
（b）1号模型清理后轮廓

（c）2号模型清理前轮廓

（d）2号模型清理后轮廓

图 5-4　模型爆破漏斗形状

爆破漏斗试验数据见表 5-2。

表 5-2　爆破漏斗试验数据

试件编号	药量（g）	孔深（cm）	抵抗线（cm）	漏斗深度（cm）	漏斗半径（cm）	体积（cm³）	统计单耗（kg/m³）	标准单耗（kg/m³）
1 号	3.5	16.8	14.8	18.9	16.1	3180	1.10	0.94
2 号	3.5	16.4	14.4	18.8	15.7	2820	1.24	1.05
平均	3.5	16.6	14.6	18.85	15.9	3000	1.17	0.995

5.2.2.2　鼓包运动概况

用与 HotShot1280cc 高速摄影机配套使用的 HotShotLink 软件可将录

制的爆破视频一帧帧播放，由于拍摄频率为 1000 幅 / s，因此相邻两帧图像的间隔时间为 1ms。图 5-5 所示的是 1 号模型从起爆到 14ms 的鼓包运动图像。每隔 1ms，根据鼓包形态画一条鼓包轮廓线，将这些轮廓线叠加，就得到了各个爆破过程中鼓包运动的轮廓线，如图 5-6 所示。

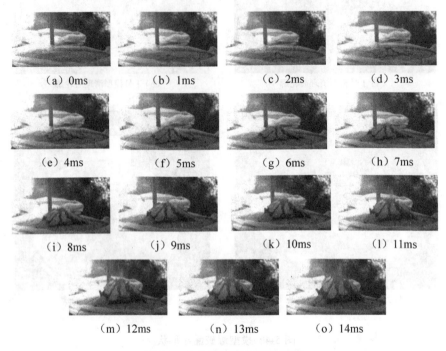

图 5-5 1 号模型鼓包运动图像

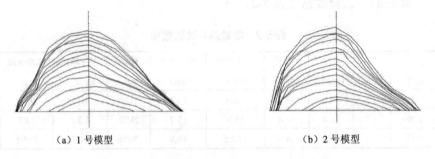

（a）1 号模型   （b）2 号模型

图 5-6 1 号模型和 2 号模型鼓包运动轮廓线

整组试验的平均抵抗线为 14.6cm，炸药起爆后产生的应力波仅需 0.1ms 左右就可到达自由面，从图 5-5 中可以看出，1ms 时，模型上表面几何中心已经出现了明显的鼓包，对应着图 5-6（a）中最下面的第 1 条曲线。从图 5-6 中可以看出，在使用同种炸药、相同装药密度条件下，鼓包运动形态是相似的，运动速度的变化规律和相同时间隆起的高度也大体相同，说明试验的重复性良好。进一步分析图 5-5 和图 5-6，在最初的 0～5ms（称为"阶段一"），模型自由面鼓包快速隆起，在鼓包边缘出现裂纹，但块体还较大，相邻两条轮廓线的间距有逐渐增大的趋势，说明这个阶段鼓包运动处于加速阶段；在 6～9ms（称为"阶段二"），鼓包进一步隆起，表面轮廓开始出现不连续，块体仍然较大，相邻两条轮廓线的间距比较均匀，但相比"阶段一"的间距要小一些，说明这个阶段鼓包运动速度有所下降，鼓包趋于匀速上升；在 10～14ms（称为"阶段三"），鼓包表面破碎加剧，特别是在鼓包中心有爆轰气体携带着碎块飞出，相邻两条运动轮廓线间距较"阶段二"先是有所增大，之后又趋于均匀，说明这个阶段鼓包运动速度出现了二次加速现象；14ms 之后［见图 5-5（o）］，鼓包完全破裂，成为松散体向四周抛掷。

5.2.2.3　鼓包运动过程分析

内爆炸时介质的鼓包运动可以分为应力波的波动作用和爆生气体的准静态作用两个部分，而后者对鼓包的持续时间要比前者稍长，但一般均在毫秒数量级时间内完成。在此试验中，炸药爆炸产生的应力波在 0.1ms 左右就可以到达模型自由面，而当应力波从自由面反射回爆心时，可以认为是爆生气体推动水泥砂浆开始鼓包运动的初始时刻，因此可认为鼓包运动开始于起爆后 0.2ms 左右。炸药爆轰产生的应力波使药室上方水泥砂浆破裂并在自由面形成破裂漏斗的边界裂隙，应力波从自由面反射回爆心过程中又造成水泥砂浆的片状剥离，之后爆炸产物的膨胀使破裂加剧并沿边界裂隙将漏斗内破碎的水泥砂浆块朝最小抵抗线方向推进，爆炸产物在初期能量巨大，一直推动着鼓包加速上升，造成了鼓包运动中的第一个加速阶段（"阶段一"）。到了鼓包运动的"阶段二"，应力波对模型的作用已经相当弱，鼓包在爆炸产物的推动下继续上升，但爆炸产物的作用开始明显受到鼓包的束缚，鼓包运动速度有所下降，鼓包开始做近似匀速上升运动。

10ms 时，鼓包中心上升距离 $S_i \approx W_i$（W_i 为最小抵抗线），鼓包破裂，鼓包中心有明显的碎块随爆轰气体飞出，由于"阶段二"鼓包对爆炸产物能量的积累过程，出现了鼓包的二次加速过程。14ms 之后，鼓包内的压力逐渐降低，炸药的作用也基本结束，抛体将以最后的速度做弹道运动。

5.2.2.4 鼓包运动速度分析

根据高速摄影图像绘制了鼓包中心位置速度随时间的分布图和位移随时间的分布图，如图 5-7 和图 5-8 所示。

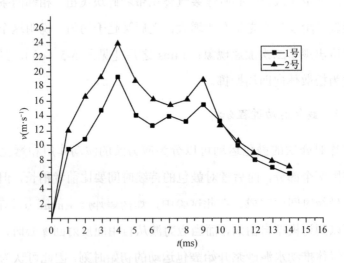

图 5-7　模型鼓包运动速度随时间的分布

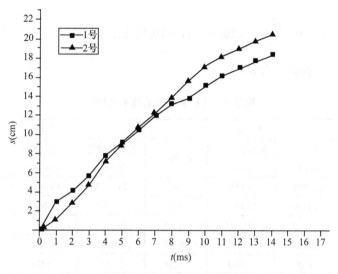

图 5-8　模型鼓包运动位移随时间的分布

从图 5-7 和图 5-8 中可以看出，此次试验的鼓包运动在速度分布上与上文分析一致，呈现出加速—匀速（较"阶段一"速度有所降低）—二次加速—减速的特征，鼓包运动速度在第一次加速中达到峰值，即 4ms 时，$v_{1号}$ =19.44m/s，$v_{2号}$ =24m/s，此时鼓包运动位移为 $s_{1号}$ =7.83cm，$s_{2号}$ =8.24cm，分别为对应最小抵抗线的 52.93% 和 50.00%。9ms 时，鼓包基本破裂，$v_{1号}'$ =15.56m/s，$v_{2号}'$ =19.07m/s，此时鼓包运动位移为 $s_{1号}'$ =13.85cm≈14.8cm=$W_{1号}$，$s_{2号}'$ =15.66cm≈14.4cm=$W_{2号}$（W 为模型试验的最小抵抗线），此时大部分爆炸产物已溢出鼓包，对鼓包的推动作用可忽略不计；将 9ms 时刻为初始速度代入竖直上抛运动速度计算公式［式（5-17）］计算后发现，10～14ms 计算值与试验值相差甚远（见表 5-3），其中偏离百分比按式（5-18）计算。这是由于鼓包破裂初期，碎块之间的相互碰撞作用损耗了一部分能量，造成鼓包运动速度下降剧烈，因此鼓包此刻的运动速度并不能作为弹道运动的初始速度。继续研究发现，当鼓包上升到近似 1.5 倍抵抗线后，计算值与试验值偏离百分比在 5% 左右，可认为抛体开始按照弹道运动规律进行抛掷。

$$v_i' = v_{i-1} - gt \quad (i=10,11,12,13,14) \tag{5-17}$$

$$\eta = \frac{v_i' - v_i}{v_i} \times 100\% \quad (i = 10, 11, 12, 13, 14) \tag{5-18}$$

式中 η ——偏离百分比。

表 5-3 计算值与试验值偏离情况

t (ms)	1 号模型			2 号模型		
	速度试验值 (m/s)	速度计算值 (m/s)	η (%)	速度试验值 (m/s)	速度计算值 (m/s)	η (%)
9	15.5556	15.5556	0	19.0667	19.0667	0
10	13.1500	15.5458	18.22	12.8000	19.0569	48.88
11	10.0000	13.1402	31.40	10.5333	12.7902	21.43
12	7.9611	9.9902	25.49	8.8900	10.5235	18.37
13	6.8500	7.9513	16.08	7.7800	8.8802	14.14
14	6.1778	6.8402	10.72	6.9333	7.7702	12.07

进而可以说明，鼓包运动最大速度并不等同于抛体初速度，以此次试验为例，0～14ms，鼓包中心的运动速度主要是爆炸产物和抛体相互碰撞共同作用的结果；14ms 后，抛体的自身重力成为影响速度的主要因素，因此 14ms 时刻的抛体速度可认为是抛体初速度。

5.3 抛掷爆破模型试验中的高速摄影观测

5.3.1 高速摄影观测方案

在爆破试验中应用高速摄影观测技术，要想拍到可供运动分析的清晰图像，除了应该了解高速摄影技术的基本知识及基本参数外，还应该对被拍摄物体的运动过程和运动规律进行分析，预估拍摄目标的运动特性，特别是运动速度和运动范围等，并分析拍摄对象可能发生的各种可能性，最后确定摄影机的镜头焦距、拍摄范围、摄影机的布置、拍摄频率、画幅分辨率、摄像时的照明等，这样设计出来的拍摄方案才能得到满意的拍摄效果。

5.3.1.1　台阶抛掷爆破过程特征量预估

试验主要对爆破鼓包运动和碎块抛掷过程进行研究，应重点拍摄模型台阶坡面和坡面正前方的空间，为了保证拍摄效果，防止出现"运动模糊"，需要对一些特征量进行预估。

1．台阶坡面层裂飞散物速度预估

当炸药爆炸产生的应力波到达自由面发生反射时，台阶坡面可能会发生层裂，第一层飞片的速度为：

$$v_f = \frac{2\sigma_m}{\rho_r c_P} \qquad\qquad (5\text{-}19)$$

式中　σ_m——爆炸应力波波阵面上的峰值压应力，Pa。

层裂出现后就马上形成了新的自由面，入射波的后部将在新的自由面上继续反射拉伸波，如果反射拉伸波峰值压应力足够大，就会产生第二次层裂，这个过程将会往复发生。对于呈指数衰减的入射波，在多次层裂后，层裂厚度逐渐增加，但飞片速度却在逐渐减小，所以，式（5-19）所示的第一层飞片的速度就是起爆后层裂飞散物的最大速度，该值可供选择摄影机拍摄频率时参考。

笔者在黑岱沟露天矿使用高速摄影机对抛掷爆破进行了拍摄，并分析了高台阶抛掷爆破抛掷速度规律，得出飞散物的最大初速度在 18～28m/s 之间。根据上文的碎块抛掷速度预测公式，模型试验的飞散物最大初速度应该在 3.824～5.948m/s 之间。

2．台阶坡面鼓包运动速度预估

台阶爆破中的鼓包运动指药包爆破后台阶坡面（自由面）被破裂岩（土）体从隆起到破裂至抛掷的整个过程，持续时间与抵抗线长度和装药量有关，是爆炸产物对岩（土）体做功的主要表现，与先期的冲击波-应力波作用密切相关。

加拿大 S. Chung 等人综合露天矿台阶深孔爆破高速摄影观测结果，指出炮孔正前方台阶坡面各点的鼓包运动速度 v_b 变化应遵循以下公式：

$$v_b = k\left(\frac{R}{\sqrt{Q}}\right)^{-n} \tag{5-20}$$

式中　Q——炮孔总装药量，kg；

　　　R——药柱中心到正前方坡面各点的距离，m；

　　　k, n——炸药、岩石特征参数。

可以确定的是鼓包整体的运动速度应小于等于个别飞散物的最大抛掷速度，所以摄影机拍摄频率的选择应参考飞散物最大抛掷速度。

3. 飞散物抛掷范围预估

目前，普通高速摄影机为保证拍摄时长和储存效率，采取了拍摄频率和画幅最大分辨率不可兼得的做法，对于爆破试验，拍摄频率不宜小于 500fps，意味着画幅分辨率应小于 1280pixels×1024pixels（对于 HotShot 1280cc 来说），因此需要对爆破飞散物的抛掷范围进行预估，主要分析爆破飞散物的水平抛掷距离 L_x 和竖直方向抛掷高度 L_y。

按照平面药包爆破时岩石的抛掷方式模型进行计算，根据弹道理论，水平抛掷距离可按照式（2-5）计算；垂直方向上的抛掷高度按式（5-21）计算：

$$L_y = \frac{(v_0 \cos \beta)^2}{2g} \tag{5-21}$$

式中　v_0——飞散物初速度，可取式（5-19）中的 v_f。

笔者对黑岱沟露天矿实际抛掷爆破效果进行了统计，水平抛掷距离为 85～110m，垂直方向抛掷高度为 13～32m。根据上文的最远抛掷距离预测公式，模型试验的飞散物抛掷距离应为 2.84～4.97m（水平距离）和 0.59～1.44m（垂直距离）。

5.3.1.2　台阶模型试验高速摄影方案

爆破试验准备周期长、实验过程的瞬时性等特点决定了高速摄影方案必须周密得当。除了最基本的拍摄频率、保存模式、照明条件设置，还需要考虑摄影机的摆放位置、参照系的设置、观测点的布置等问题。

1. 摄影机架摆设位置

高速摄影的方法有高速立体摄影、单机斜交摄影和单机垂直摄影等，此次试验拍摄对象较小且拍摄距离较近，方便调整摄影机与台阶模型的相对位置，因此采用单机垂直摄影方法，即摄影主光轴与爆破对称面垂直。

高速摄影仪的感光尺寸为 19.92mm×14.34mm，台阶模型高度为 1.3m，结合上文对飞散物抛掷范围的预估，拍摄范围应大于 5.58m×2.74m，调试中发现，当拍摄频率大于等于 1000fps 时，摄影机的最大拍摄画幅小于 1024pixels×612pixels，不能满足水平范围 5.58m 的拍摄范围，因此只能优先满足垂直方向的 2.74m，将拍摄重点放在台阶坡面，而水平方向上使用普通单反相机补充拍摄。则拍摄的横向放大率 β_s 为：

$$\beta_s = h_s / H_s = 14.34\text{mm} / 2.74\text{m} \approx 5.23 \times 10^{-3} \quad (5\text{-}22)$$

在拍摄中，摄影机距离被拍摄对象越近，获得的图像就越清晰，结合镜头焦距参数，此时应该使用镜头最小焦距为 12mm，即能保证被拍摄物体能在 CMOS 芯片上清晰成像拍摄物距 s 为：

$$s = f / \beta_s = 12\text{mm} / 5.23 \times 10^{-3} \approx 2295\text{mm} \approx 2.3\text{m} \quad (5\text{-}23)$$

故高速摄影机应放在模型侧面 2.3m 的位置，且使摄影主光轴与爆破对称面垂直，同时在同一位置摆放普通单反相机（使用最高拍摄频率 50fps，分辨率 1280×720），使拍摄范围覆盖 5.58m×2.74m。为了保护摄影机和单反相机的安全，在观测仪器与爆破台阶模型中间放置了一块 5mm 厚的高强度透明有机玻璃。

2. 拍摄基本参数设置

为避免出现"运动模糊"，摄影机的拍摄频率应满足式（5-7），运动初速度取使用预测公式预测的飞散物最大速度 5.948m/s，设目标运动方向与图像平面间的夹角为 0°（此时计算的拍摄频率为最大值），摄影机感光元件 1 个像元的边长 l 为 14μm，拍摄频率 N 为：

$$N \geqslant \frac{V\beta_s \cos\theta}{2l} = \frac{5.948 \times 5.23 \times 10^{-3} \times 1}{2 \times 14 \times 10^{-6}} \approx 1111\text{fps} \quad (5\text{-}24)$$

参考表 5-1 可知，HotShot1280cc 大于 1111fps 最近的一档为 1500fps，而此时最大拍摄画幅仅为 768pixels×536pixels，分辨率不足以满足对拍摄范围的要求，因此，此次试验最终选取 1000fps 的拍摄频率，分辨率为 1024pixels×612pixels，拍摄总时长为 3.35s。同时为保证拍摄影像的完整性，准确测算起爆时间，将储存时间设为 before20%/after80%。

经调试发现，在晴天的自然光照下就可满足测量要求，拍摄时通过软件开启弱光模式，调整镜头光圈直到画面清晰且不过曝，为更好地捕捉彩色的追踪点，将色彩饱和度调整为 120%～150%。

3. 固定坐标网格参照系的设置

高速摄影测量涉及拍摄影像尺寸与实际尺寸的缩放比例问题，因此需在拍摄对象中加入已知尺寸的参照物进行换算，此时有两种方法：一种是在拍摄对象旁边摆放一个固定的已知尺寸的参照物，待拍摄完成后通过软件测量该参照物所占的像素长度，就可以得到拍摄的缩放系数，称为间接法；另一种方法是在拍摄范围中直接放入固定的参考坐标系，拍摄完成后直接对照着参考坐标系测量，称为直接法。有学者分析了这两种判读方法的误差范围，得出间接法测量的误差具有传递性和累加性，因此本书使用直接法，在拍摄范围内摆放了网格尺寸为 5cm×5cm 的网格坐标参照系。高速摄影系统组成及试验效果分别如图 5-9 和图 5-10 所示。

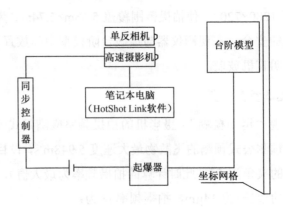

图 5-9　高速摄影系统组成

图 5-10 高速摄影试验效果

5.3.1.3 模型试验中的高速摄影观测

根据图 5-10 将高速摄影机和单反相机摆放在特定位置,按图 5-9 进行连线,通过计算机软件对高速摄影机的拍摄参数进行调节,逐个对台阶模型的爆破过程进行拍摄,使用 HotShotLink 软件将鼓包运动过程进行分幅,得到了抛掷爆破鼓包形状,并对台阶坡面设置的追踪点的速度规律进行了分析。

5.3.2 高速摄影观测结果

5.3.2.1 台阶抛掷爆破过程分析

模型试验的最小抵抗线长度仅为 13~17cm,意味着炸药起爆后不到 0.1ms 产生的爆炸应力波就能传到自由面,并在自由面反射。以试验 1-1 为例,设起爆时间为 0ms,1ms 时台阶坡面就隆起了鼓包,普通单反相机捕捉到的第一张鼓包照片为 12ms 时刻 [见图 5-11 (a)],此时鼓包表面已经出现大量裂纹,爆生气体开始外泄,但鼓包还保持着规则的"馒头"形状,鼓包表面中心位置对应着药柱中心,表明此处受到的爆炸能量最大。52ms 时刻 [见图 5-11 (b)],鼓包已经完全破裂,而且失去了规则的"馒头"形状,开始呈放射状向台阶前方抛掷,台阶上部仅有少量碎块向上抛掷。随着爆生气体的膨胀,破碎岩体整体前移体积不断增大,其中,来自 A2 层的碎块被抛到最高处,然后按弹道运动规律抛掷。爆生气体在破碎

岩体前移中大量泄漏，随后抛掷作用不断减弱，532ms 时刻后［见图 5-11
(c)］，碎块逐渐落到"采空区"，A3 层位于药柱中心位置，少量来自 A3
层的碎块被抛到最远处，大量 A3 和 A4 层的碎块被抛到"人工倒堆"上，
继而滑落堆积在爆堆前端，A5 层处于药柱下端部，该层的碎块最终位于
爆堆的中部和前端，这是由于柱状药包端部效应的存在使得该处碎块的抛
掷速度降低，而处于药柱上端部的 A1 层处在填塞位置，炸药能量有限再
加上柱状药包的端部效应，该层大部分碎块位于台阶根部，而且块度较大。
结合高速摄影和单反相机拍摄影像，此次试验参数条件下，整个抛掷过程
持续 1400～1700ms。

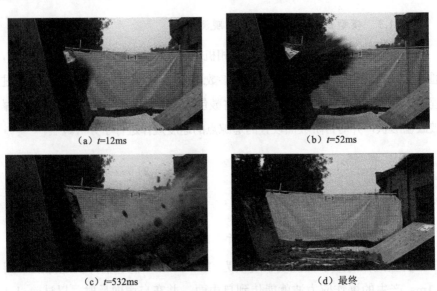

　　(a) t=12ms　　　　　　　　　　　　(b) t=52ms

　　(c) t=532ms　　　　　　　　　　　　(d) 最终

图 5-11　抛掷过程（来自单反相机）

5.3.2.2　台阶抛掷爆破鼓包运动分析

　　在工程爆破设计中，抛掷堆积计算是一个非常重要的环节，特别是在
大型露天矿中，爆堆的形状不仅反映了爆破参数设计的合理性，而且直接
影响接下来的铲装、倒堆、运输效率，并最终影响爆破的经济效益，而抛
掷爆破的抛掷堆积状态与爆破作用下的鼓包运动有密切关系，因此对鼓包
形状和鼓包运动规律进行分析对抛掷堆积计算有重要意义。

1. 鼓包运动轮廓线分析

鼓包运动是炸药爆炸后充满药室的高温高压气体的准静载效应的具体表现，而鼓包边界往往是由前期爆轰波的动载效应造成的，因此爆破过程中的鼓包运动是炸药爆炸的动载效应和爆生气体的准静载效应共同作用的结果。

台阶模型爆破结束后，将获得的高速摄影影像用 HotShotLink 软件进行分幅，试验拍摄频率为 1000fps，因此相邻两帧图像中间的时间间隔为 1ms，选取试验 1-1 中 0～19ms 的高速摄影影像对台阶坡面的鼓包运动进行研究，如图 5-12 所示。

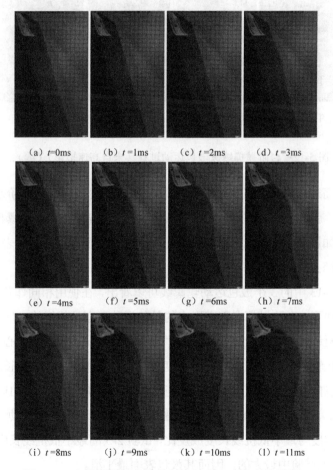

(a) t=0ms　　(b) t=1ms　　(c) t=2ms　　(d) t=3ms

(e) t=4ms　　(f) t=5ms　　(g) t=6ms　　(h) t=7ms

(i) t=8ms　　(j) t=9ms　　(k) t=10ms　　(l) t=11ms

图 5-12　台阶抛掷爆破鼓包运动过程（来自高速摄影）

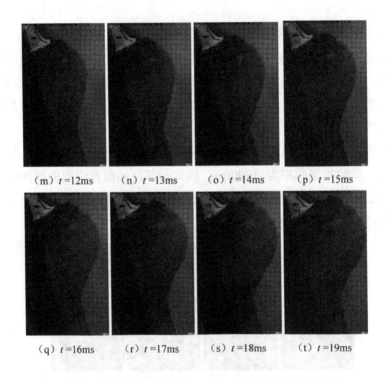

(m) t =12ms　　（n）t =13ms　　（o）t =14ms　　（p）t =15ms

（q）t =16ms　　（r）t =17ms　　（s）t =18ms　　（t）t =19ms

图 5-12　台阶抛掷爆破鼓包运动过程（来自高速摄影）（续）

　　根据高速摄影得到的分幅照片，从 0ms 开始逐张描绘出台阶坡面上的鼓包形状，就得到了爆破过程中鼓包运动的轮廓线，台阶抛掷爆破鼓包运动轮廓线如图 5-13 所示。图中的虚线与台阶坡面垂直，分别代表 A1～A5 层各层追踪点所处位置。

　　从图 5-13 中的 3 个鼓包运动轮廓线可以看出，在使用相同炸药、相同装药结构条件下，台阶抛掷爆破表现出的鼓包运动形态是相似的，均呈现出中心突出、两边隆起、高度逐渐降低的"馒头"形状，鼓包表面中心大体对应着柱状药包轴向中心。鼓包的突出程度与炸药单耗和最小抵抗线长度有关，其中，鼓包向前突出程度与炸药单耗正相关，试验 1-1 单耗（0.51kg/m^3）小于试验 3-4 单耗（0.54kg/m^3），因此试验 3-4 的鼓包比试验 1-1 更加突出；而鼓包突出程度与最小抵抗线长度成反比，试验 2-5 的最小抵抗线长度（17cm）是 15 个模型试验中最大的，因而其鼓包表面最平滑。

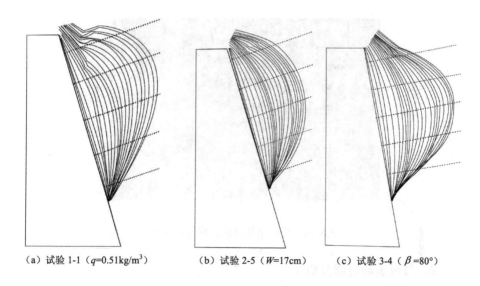

（a）试验 1-1（$q=0.51\text{kg/m}^3$）　　（b）试验 2-5（$W=17\text{cm}$）　　（c）试验 3-4（$\beta=80°$）

图 5-13　台阶抛掷爆破鼓包运动轮廓线

进一步对图 5-12 和图 5-13 进行分析可以发现，在起爆后最初的 0～7ms（阶段一），台阶模型坡面以 A3 层为中心迅速隆起，鼓包边缘逐渐出现裂纹，形成爆炸漏斗坑的边界，相邻两条鼓包轮廓线的间距有逐渐增大趋势，说明相同时间间隔内鼓包表面质点位移逐渐增加；在随后的 8～10ms（阶段二），鼓包形态变化不大，相邻两条鼓包轮廓线间的间距也比较均匀，但相比阶段Ⅰ的间距要小一些，鼓包表面的裂缝进一步扩展，鼓包开始出现破裂；11～14ms（阶段三），鼓包表面破碎加剧，特别是在鼓包中心有大量爆轰气体携带着细小碎块飞出，相邻两条鼓包轮廓线间的间距有所增大；15ms 之后（阶段四），鼓包完全破裂，被爆岩体成为松散体向前方抛掷。

在整个鼓包运动过程中，鼓包最上檐缓慢向上抬升，这部分上升的碎块主要来自 A1 层，该层处于填塞位置，但这部分碎块水平方向的位移量并不大，待抛掷结束后主要回落到爆堆后部。而处于药柱下端位置处的 A5 层向台阶前方的位移量也不大，最终落在爆堆后部。值得注意的是，A5 层往下约 $0.5W$ 高度的相似材料也遭到破坏，形成图 5-14 所示的底部破坏区，因此在现场爆破中为了保护下面的煤层，钻孔时应留一定高度的欠深。

图 5-14　台阶抛掷爆破鼓底部破坏区

2. 鼓包运动过程分析

在爆破工程中，通常把柱状装药的台阶深孔爆破的碎块移动 $s\text{-}t$ 图像处理成一条直线，并由直线延伸使之与 t 轴相交即可得到岩石开始移动的时刻，而鼓包运动速度又常常简化为一个常数，且 W/d_b 越大，$s\text{-}t$ 的关系就越接近于直线，这样虽然方便计算，也能达到工程上的精度要求，但并不能反映鼓包运动过程的实质。

根据高速摄影图像分别绘制了 1 号试验、2 号试验和 3 号试验鼓包表面中心位置（使用 C 层追踪点位置速度）抛掷速度 v 随时间的变化规律，如图 5-15 所示。

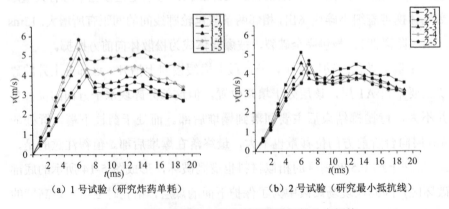

(a) 1 号试验（研究炸药单耗）　　　　(b) 2 号试验（研究最小抵抗线）

图 5-15　鼓包表面中心运动速度随时间的分布规律

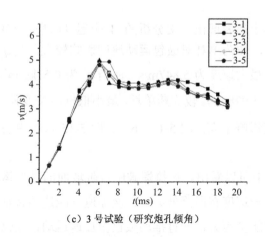

（c）3 号试验（研究炮孔倾角）

图 5-15　鼓包表面中心运动速度随时间的分布规律（续）

内爆炸时土岩的鼓包运动主要由应力波的波动作用和爆生气体的准静态作用两部分形成，而爆生气体对鼓包的持续影响时间要稍长一些，但一般均在毫秒数量级时间内完成。在此次试验中，炸药爆轰产生的应力波使药室周围水泥砂浆破裂并在坡面（自由面）形成爆破腔的边界裂隙，在应力波从自由面反射回药柱的过程中造成了水泥砂浆的片状剥离，同时加剧了内部水泥砂浆裂隙的扩大；之后爆生气体的膨胀使破裂加剧，并沿着之前形成的边界裂隙将漏斗内的水泥砂浆快速朝最小抵抗线方向抛掷。

当应力波从自由面反射回药柱时，可以认为是爆生气体开始推动水泥砂浆鼓包运动的初始时刻。有学者发现，鼓包运动开始的时间远远大于应力波传播到自由面的时间，进一步分析认为，炸药起爆后，岩土介质不仅需要克服其重力作用，还需克服岩土间的黏着力、内摩擦力等才能向外抛掷，而初始的应力波所携带的能量远远不够，需要爆炸气体的膨胀、压密层的传播和不断传播到自由面的应力波等几方面的能量综合作用才能驱使鼓包运动。同时，受观测仪器精度和光照条件的限制，也不能从高速摄影影像中精确确定鼓包运动的开始时刻，但可以确定的是，在此次试验条件下鼓包运动开始时刻≤1ms。

从图 5-15 中可以看出，台阶抛掷爆破自由面的鼓包运动规律有良好的重复性，整体上都表现出上文分析的 4 个运动阶段，其中，从图 5-15 (a) 中可以看出，炸药单耗对鼓包运动速度影响较大，当 q_m 为 0.63kg/m³ 时，鼓包运动的最大速度为 5.847m/s，而当 q_m 为 0.51kg/m³ 时，鼓包运动的最大速度仅为 3.978m/s。较炸药单耗，最小抵抗线长度 W 和炮孔倾角 β 对鼓包运动速度影响不大，图 5-15 (b) 和图 5-15 (c) 中的 5 条折线几乎重合。

从图 5-15 中可以看出，抛掷爆破中台阶坡面的鼓包运动呈现出加速—匀速（较阶段一速度有所降低）—二次加速—减速的特征，炸药起爆后初期，爆炸产物能量巨大，一直推动鼓包做加速运动，鼓包表面中心运动速度在第一次加速末期达到速度峰值，此次试验中峰值速度的时刻为 6～7ms，其峰值速度为 3.978～5.847m/s。到了鼓包运动的阶段二，应力波对水泥砂浆的作用已经相当弱了，鼓包在爆炸产物的推动下继续向前抛掷，但爆炸产物的作用受到了鼓包的束缚，鼓包运动速度较之前阶段一下降了 20%左右，这个阶段将持续 3～4ms，鼓包做近似匀速运动。炸药起爆 10ms 之后，鼓包中心有明显碎小的碎块随爆生气体飞出，鼓包开始逐步破裂，在阶段二鼓包中积蓄的爆炸产物能量使得鼓包产生了短暂的二次加速过程，这个加速过程持续 2～4ms，但这个阶段的加速作用较弱，因此阶段三加速末期的峰值速度小于阶段一末期的速度峰值。阶段四后，鼓包内的压力快速降低，炸药的作用也基本结束，将该阶段的碎块运动速度与弹道运动规律进行对比发现，阶段四初期的碎块之间剧烈的相互碰撞作用使碎块损失了一部分能量，因此阶段四初始时刻的抛体速度并不能作为抛掷堆积计算中的抛掷初速度，而应该再往后观测几毫秒。此次试验由于拍摄范围的局限性，并未得出能够作为抛掷速度的具体时刻。也就是说，阶段一末期的鼓包峰值速度并不能作为抛掷初速度代入弹道运动规律公式中进行抛掷堆积计算，只有当抛体间的相互碰撞作用可以忽略不计、抛体的自身重力成为影响速度的主要因素后，才可认为抛体按照弹道运动规律进行抛掷。

3．台阶坡面抛掷速度模型分析

通过高速摄影影像获得模型试验中 5 个追踪点的抛掷速度，选取试验数据中的抛掷速度大小 v 为纵坐标，时间 t 为横坐标，得到了试验 1-1 和试验 2-5 中 5 个追踪点抛掷速度 v 随时间 t 的变化规律，如图 5-16 所示。

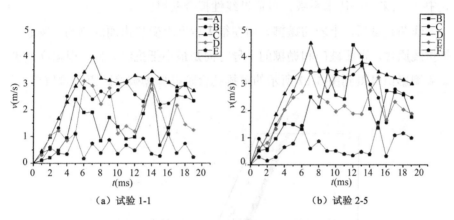

（a）试验 1-1　　　　　　　　（b）试验 2-5

图 5-16　追踪点抛掷速度随时间的变化规律

从图 5-16 中可以看出，台阶坡面不同高度的抛体速度表现出不同的变化规律，除了 C 层追踪点（鼓包表面中心附近）速度变化呈现出较规律的"加速—匀速—二次加速—减速"特征外，其他各层追踪点无类似规律。A 层追踪点处于台阶上部，对应着炮孔填塞部位，整个抛掷过程中速度波动不大，仅在 12～14ms 鼓包破裂时速度突然增大，但立刻又降回到较低水平；B 层和 D 层追踪点位于条状药包中点两侧，受到的炸药能量和作用形式相似，因此表现出相似的速度变化趋势，大体上呈现出"加速—平稳—减速"特征，但同一时刻速度略低于处于药包中心位置的 C 层追踪点速度；位于台阶最下部的 E 层追踪点受到的炸药能量也较少，加之端部效应的影响，使得该点抛体速度最小且整个过程变化幅度不大。

由式（2-3）可知，抛体的抛掷距离是抛体弹道飞行初速度 v_0、初速度与水平方向的夹角（即抛射角）φ 和抛掷高程差 H' 的函数，即：

$$L = f(v_0, \varphi, H') \tag{5-25}$$

可见，抛体的运动轨迹主要取决于岩石抛掷的初速度和抛射角两个参数，因此，建立抛掷初速度和抛射角的计算模型至关重要。

对露天矿台阶多排孔微差爆破的抛掷初速度进行研究，拟合发现抛掷初速度可表示为线装药密度 Q_L 和最小抵抗线 W 的函数，即：

$$v_0 = f(Q_L, W) = \lambda(Q_L^{1/2} / W)^{\chi} W^2 \qquad (5-26)$$

式中 $\quad \lambda, \chi$ ——待求系数，可通过线性拟合获得。

炸药起爆后，土岩的抛掷方向在很大程度上受自由面的制约，按最小抵抗线原理，岩面破碎和抛掷的主导方向是最小抵抗线方向，根据高速摄影观测影像可得到图 5-17 所示的单排孔台阶抛掷爆破追踪点抛掷轨迹。

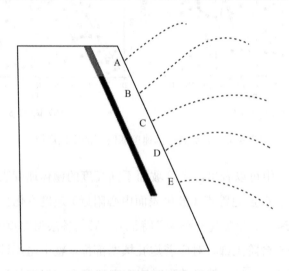

图 5-17　单排孔台阶抛掷爆破追踪点抛掷轨迹

从图 5-17 中可以看出，台阶坡面上追踪点岩块的抛掷方向不尽相同，台阶中部（条形药包中部对应位置）抛掷方向近似垂直于自由面，台阶上部抛射角变大，但水平抛距较短，底部抛射角变小，同时水平抛距也较小。为此，可将条形药包分解成若干个等效球形药包进行分析，认为台阶坡面上某点处岩块的抛掷方向是由若干个等效球形药包在该处产生的速度方向的叠加。

设条形药包可等分成 n 个球形药包，第 i 个药包在台阶坡面 j 点处产生的速度为 v_{ij}，特征抵抗线为 W_{ij}，n 个球形药包在 j 点处产生的速度矢

量和就是 j 点的速度 v_j。

$$v_j = \sum_{i=1}^{n} v_{ij} \tag{5-27}$$

那么，沿坐标轴方向的速度分量为：

$$v_{jx} = \sum_{i=1}^{n} v_{ij} \cos\theta_{ij} \tag{5-28}$$

$$v_{jy} = \sum_{i=1}^{n} v_{ij} \sin\theta_{ij} \tag{5-29}$$

式中　　θ_{ij}——第 i 个药包在台阶坡面 j 点处特征抵抗线 W_{ij} 的方向角，(°)。

j 点处岩块的抛射角 φ_j 为：

$$\varphi_j = \arctan\frac{v_{jy}}{v_{jx}} = \arctan\frac{\sum\limits_{i=1}^{n} v_{ij} \sin\theta_{ij}}{\sum\limits_{i=1}^{n} v_{ij} \cos\theta_{ij}} \tag{5-30}$$

由式（5-30）即可求出台阶坡面上任意一点岩块的抛射角，结合式（5-25）和式（5-26）可求得台阶坡面上任意一点的抛掷距离，进而可对抛掷堆积进行计算。

5.4　本章小结

本章首先介绍了高速摄影技术的基本原理、系统的组成和系统基本参数，然后根据爆破漏斗模型试验和台阶抛掷爆破模型试验的特点及观测需要进行了高速摄影观测系统的方案设计，并在爆破漏斗模型试验和台阶抛掷爆破模型试验的同时利用高速摄影系统对试验过程进行拍摄。

（1）结合现有高速摄影器材和模型试验观测需求，确定了采用单机垂直摄影方法进行拍摄，选取了 1000fps 的拍摄频率，分辨率为 1024pixels×612pixels，拍摄总时长为 3.35s，储存时间设为 before20%/after80%，在拍摄范围内摆放坐标参照系。

（2）爆破漏斗试验中，鼓包中心上升到约 1 倍抵抗线时，大部分爆炸产物已溢出鼓包，对鼓包运动的推动作用可忽略不计，上升到约 1.5 倍抵抗线后，抛体之间的相互碰撞减少，抛体以此时的速度按弹道运动的规律进行抛掷。

（3）岩土爆破鼓包运动是爆破冲击波、爆炸产物、碎块间相互作用和地心引力综合作用的结果，在速度分布上呈现出加速—匀速—二次加速—减速的特征，鼓包形态和鼓包最终的抛掷速度决定了爆破堆积的形态。

（4）在使用相同炸药和相同装药结构条件下，台阶抛掷爆破表现出的鼓包运动形态和运动速度变化规律大体相同。其中，鼓包形态表现为中心突出、两边隆起高度逐渐降低，鼓包向前突出程度与炸药单耗成正比，与最小抵抗线长度成反比。

（5）台阶坡面抛掷速度是抛体弹道飞行初速度 v_0、初速度与水平方向的夹角（即抛射角）φ 和抛掷高程差 H' 的函数。其中，抛体弹道飞行初速度可按照式（5-26）计算，抛射角可按照式（5-30）计算。

参考文献

[1] 王德胜. 高速摄影在爆破工程应用中的解析分析方法[J]. 有色金属（矿山部分），1996(4)：33-36.

[2] 杨会臣，贾金生，王海波. 高速摄影测量在振动台动力模型试验中的应用[J]. 水电能源科学，2012(1)：153-155.

[3] 梁嘉. 爆破过程的高速影像分析[D]. 沈阳：东北大学，2009.

[4] 刘缠牢，阮萍，熊仁生，等. 高速摄影测量的计算机辅助[J].光子学报，2001(1)：113-116.

[5] 奚徐州，陈俊人，王志琦. 我国高速摄影粗览[J]. 光子学报，1980(3)：1-6.

[6] 谭显祥.光学高速摄影测试技术[M]. 北京：科学出版社，1990：275.

[7]　刘铁军，马俊成，王玲，等. 高速摄影技术在炮射航弹试验中的测试方法研究[J]. 兵器试验，2013(2)：39-40.

[8]　刘华宁，郑宇，李文彬，等. 基于高速摄影技术的速度测量方法[J]. 兵工自动化，2014(11)：71-74.

[9]　徐锐，杨国来，陈强，等. 高速摄影技术在火炮运动学分析中的测试误差研究[J]. 南京理工大学学报，2015(5)：523-530.

[10]　陈宝心，杨勤荣. 爆破动力学基础[M]. 武汉：湖北科学技术出版社，2005：171.

[11]　李胜林，刘殿书，崔英伟，等. 基于实测爆破地震波下的铁路特大桥桥墩动力影响研究[J]. 北京理工大学学报，2015(2): 123-126.

[12]　Chung S, Mohanty B, Desrochers L G, et al. Application of high-speed photography to rock blasting at Canadian Industries Limited——a review[J]. Proc. 10th Can. Rock Mech. Symp. 1975(2): 29.

[13]　吴灵光，黄政华. 敞口条形洞室爆破洞外爆炸产物和破碎岩石运动特性的研究[J]. 矿冶工程，1987(3)：1-5.

[14]　黄永辉，刘殿书，李胜林，等. 高台阶抛掷爆破速度规律的数值模拟[J]. 爆炸与冲击，2014(4): 495-500.

[15]　蒋恩臣，蒋亦元，刘道顺. 高速摄影拍摄频率与判读的误差分析[J]. 东北农业大学学报，2000(4)：381-384.

[16]　中国科学院北京力学研究所二室六组. 高速摄影在爆炸力学研究中的某些应用[J]. 力学学报，1975(4)：191-195.

[17]　张云鹏，于亚伦. 露天矿台阶爆破岩石抛掷与堆积模型的研究[J]. 金属矿山，1995(9)：19-22.

[18]　李迎，马广举，池恩安，等. 基于高速摄影法对孔桩内导爆管准爆的探究[J]. 爆破，2014(4)：129-133.

[19]　张建华，俞雄志，夏岸雄. 露天矿山爆破效果的高速影像分析[J]. 矿业研究与开发，2015(9)：24-26.

[20]　武双章，季茂荣，毛益明，等. 高架桥爆破拆除塌落过程的高速摄像分析[J]. 爆破，2014(4)：87-91.

[21]　熊宏启，王乐，孙厚广，等. 高速摄影仪在大孤山露天铁矿爆破试验中的运用[J]. 矿业研究与开发，2015(9)：20-23.

第 6 章
Chapter 6
相似模型爆破试验中的数值模拟

扫码免费加入爆破工程读者圈

既能与行业大咖亲密接触，
又能与同行讨论技术细节。
圈内定期分享干货知识点，
不定期举办音频视频直播。

目前，工程领域常用的数值模拟方法有边界元法、有限元法、离散单元法和有限差分法，其中以有限单元法应用较为广泛。20 世纪 70 年代以来，随着计算机科学的飞速发展，以有限元法为代表的数值计算手段在各种力学计算中均获得了极大成功，有限元方法迅速从结构工程强度分析计算扩展到几乎所有的科学技术领域，成为一种丰富多彩、应用广泛并且实用高效的数值分析方法。炸药在空气、土壤、岩土、混凝土等介质中爆炸的过程通常用弹塑性动力学和流体力学模型来描述。常见的爆破工程领域使用的有限元应用软件主要有 DYTRAN、ABAQUS、AUTODYN-2D/3D、LS-DYNA-2D/3D 等，这些软件已成为爆破工程分析领域极为重要的辅助工具。

本章将在相似理论和模型试验的基础上，选用动力学计算软件来模拟分析爆破过程，针对爆破漏斗模型试验与台阶抛掷爆破模型在柱状药包爆炸作用荷载下的过程进行数值计算研究。重点分析相似模型爆破过程中的应力云图，不同位置处单元的 X、Y、Z 方向应力随时间变化，单元的有效塑性应变随时间变化，节点在 X、Z 方向及三维空间的位移随时间变化等，旨在进一步验证前面章节模型试验的成果，并为工程应用实践提供理论基础。

6.1　数值模拟概述及 LS-DYNA 算法选择

6.1.1　数值模拟概述

6.1.1.1　爆破数值模拟软件选用

计算软件的选择在很大程度上依赖于计算模拟的目的，数值模拟只有在确保算法与材料模型正确的基础上才是有效的。由于炸药爆炸作用是一个瞬时的物理化学过程，用普通的模拟软件不能真实、客观地反映出炸药爆炸过程中的具体作用机理，针对这种物质之间快速作用而专门开发的LS-DYNA 程序成了当今模拟爆炸的主要应用软件。LS-DYNA 作为目前国际上成熟的动力有限元分析软件得到了较为广泛的应用，程序包括LS-DYNA-2D 和 LS-DYNA-3D，主要应用于有限元方法计算非线性结构材料的大变形动力响应。

6.1.1.2　ANSYS/LS-DYNA3D 功能简介

ANSYS/LS-DYNA 是一个显式非线性动力分析通用有限元程序，可求解各种二维和三维非弹性结构的高速碰撞、爆炸和模压等大变形动力响应。DYNA-3D（三维）和 DYNA-2D（二维）程序初版是 1976 年美国劳伦斯·利维莫尔国家实验室（Lawrence Livermore National Laboratory）在 J. O. Hallquist 主持下研制完成的，后经 1979 年、1981 年、1982 年、1986年、1987 年、1988 年版的功能扩充和改进，成为国际著名的非线性动力分析程序。1996 年 LSTC 公司和 ANSYS 公司合作，将 LS-DYNA-3D 与ANSYS 前后处理程序连接，取名为 ANSYS/LS-DYNA-3D，同时可使用原有前后处理程序 LS-INGRID 和 LS-TAURUS，大大加强了 LS-DYNA3D程序的前后处理功能。

6.1.1.3　LS-DYNA3D 求解步骤

第一步：前处理。

（1）定义单元类型。

（2）定义材料属性。

（3）建立实体模型。

（4）进行网格划分。

（5）生成 PART。

（6）定义接触类型。

（7）施加约束、载荷和初始速度。

（8）设置求解过程的控制参数。

（9）选择输出文件类型和输出时间间隔。

（10）生成 LS-DYNA 输入 K 文件。

第二步：求解。

由于 ANSYS 前处理还不支持 LS-DYNA 程序的全部功能，在 K 文件生成以后，可以使用文本编辑软件对其进行编辑修改，然后利用程序项中 LS-DYNA Solver 菜单进行 GIU 输入，LS-DYNA 求解器读取输入文件，进行求解。

第三步：后处理。

计算结束后生成的 LS-DYNA 结果数据文件（主要包括 Jobname.k、d3dump、d3plot 等），可以使用 LS-POST 进行后处理。该后处理功能强大、快捷灵活，可以方便地对计算结果进行各种动画控制，以及观察分析应力、应变、压力、速度、加速度等时间历程曲线。

6.1.2　LS-DYNA 算法选择

目前用于模拟爆炸冲击效应的方法主要有有限单元法、有限差分法、有限体积法。有限差分数值模拟法是通过构建微分方程组，然后用网格覆盖空间域和时间域，用差分替代方程组中的微分以求得近似的数值解。有限体积数值模拟法是在空间上将偏微分方程转化为积分形式，之后在选定的控制体积上把积分形式守恒定律直接离散的方法。有限元模拟方法适合求解边界形状无规律及含有介质分界面的强动载问题，在爆炸冲击效应的数值计算方面得到了快速发展和应用。

LS-DYNA 作为世界上著名的通用显示动力有限元分析程序，能够模拟真实世界的各种复杂问题，特别适合求解爆炸冲击、高速碰撞等非线性动力冲击问题。LS-DYNA 程序进行爆炸分析主要有 Lagrange 算法、Euler 算法、ALE 算法和 SPH 算法。下面分别介绍前三种算法的基本原理。

（1）Lagrange 算法。拉格朗日型程序固定质量元运动。拉格朗日型算法的主要特点是它能精确地跟踪材料边界和界面，在界面处的材料被认为是从动的和主动的，用这种方法建立的程序允许主动和从动面之间接触、分离、滑动，或有无摩擦。拉格朗日网格随材料流动面变形。一旦网格畸变严重，就会引起数值计算的困难，甚至程序终止运算，必须在旧网格上重叠一新网格，计算才能继续下去。在高速碰撞问题的计算中，往往引入材料侵蚀失效的处理方法来模拟实际材料的断裂、层裂等破坏行为。

（2）Euler 算法。在欧拉算法中，网格被固定在空间，通过输运项计算体积、质量、动量和能量的流动。欧拉算法理论上适用于处理大变形问题，除非对材料表面和界面位置做出特殊规定，这些表面和界面将迅速地在整个计算网格内扩散。欧拉算法可以直接通过在离散化格式中包括迁移导数项进行，或通过二步操作完成。二步法操作的第一步主要是拉格朗日计算，第二步或输运阶段是使重分计算网格相当于回到它的原来状态。DYNA 程序采用后一种方法。欧拉算法的缺点是网格中物质流动界面不清晰、计算耗时长。

（3）ALE（Arbitrary Lagrange and Euler）算法。从以上的总结中，我们看到拉格朗日与欧拉方法各有优劣，人们于是试图找到一种能够综合两种方法优点的算法。而在 1973 年由 A. A. Amsden 和 C. W. Hirt 共同开发的 ALE 算法就具备了这样的特点。该算法同普通的 Lagrange 方法一样先将网格固定在介质上，然后根据计算需要（即变形发展情况）每隔一个或几个步长时间间隔，按一定的规则重新构造网格。当时间步长满足随声速增大而减小的规定时，可保证显式格式的稳定性。ALE 算法在处理较大畸变的介质运动问题中的计算结果比纯 Euler 算法提高了精度。

应用有限元程序对固体结构进行力学分析时，多采用 Lagrange 算法。Lagrange 算法的网格单元附着在目标结构上，网格会随着材料结构形状的变化而发生变形，因此能够精确地捕捉固体材料边界，但是在固体结构变形过大的情况下，网格畸变严重，会导致计算的终止。Euler 算法的网格单元是固定在空间中不变的，材料变形后的形状被映射到该网格中，各迭代过程的数值计算精度不变，但难以捕捉材料边界。SPH 算法是一种无网格的 Lagrange 算法,通过采用一系列有流速的质点来描述物质,其中的每个质点代表着一个物理性质已知的差值点,再应用内插函数计算全部质点,继而得到问题解,是模拟连续体结构的碎裂、解体、固体脆性断裂等力学现象的有效工具。ALE 算法结合了 Lagrange 算法和 Euler 算法的优点,不仅能够有效追踪材料边界,还能在求解过程中通过调整网格位置,避免出现严重的网格畸变,缺点是计算时间较 Lagrange 算法长。

在同一个计算模型下,不同的计算方法得出的单元应变变化规律较为一致,但节点的位移变化相差较大,共用节点算法结果与爆破实际结果吻合较好。当存在较大变形时,流固耦合算法具有较为明显的优势。因此,本书将爆炸近区(3 倍孔径)的网格单元采用流固耦合算法,而在爆炸稍远区(大于 3 倍孔径)的网格单元采用共节点算法,以获得较为准确的台阶抛掷爆破模拟结果。在建模过程中,选择 3D SOLID 164 单元,同时建立三种网格,第一种是炸药(ALE)网格;第二种是被爆炸介质(Lagrange)网格;第三种是炸药在其中流动的 ALE 网格。被爆介质定义为缺省的中心单点积分常应变单元。炸药和初始空间(VOID)定义为中心单点积分的带空白材料的单物质 ALE 单元。定义两种单元的 PART 集合,并定义两个 PART 集合之间的流固耦合;另外,还需定义初始空间(VOID)。

6.2　爆破漏斗模型试验中的数值计算

针对 3.5 节描述的单孔爆破漏斗试验,应用 AUTODYN 软件模拟了圆柱体素混凝土模型的爆炸过程,在计算结果与试验数据相吻合的前提下,绘制不同时刻下的模型鼓包运动轮廓,并提取出数值模型中测点的速度、加速度、位移时间历程曲线,分析爆破漏斗形成过程中的鼓包运动规律。

6.2.1 数值计算过程

6.2.1.1 模型的创建

在 AUTODYN 软件中构建实心圆柱体模型，模型的上下圆面半径 300mm，高度为 500mm。在保证总炸药量（约 3.5g TNT）和药包埋深（140mm）不变的前提下，计算出此次爆破模拟的装药长度为 50mm。算法采用光滑粒子流体动力学（SPH）方法，在模型的中轴线上，距离模型上表面 0mm、20mm、40mm、60mm、80mm、100mm 各设置一个测量记录点，创建完后的 1/2 计算模型如图 6-1 所示。

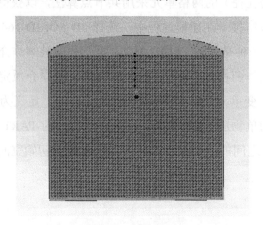

图 6-1　1/2 计算模型

6.2.1.2 炸药的状态方程

选择 TNT 炸药材料作为爆源，炸药爆轰产物的压力用 JWL 状态方程来描述，其表达形式为：

$$P = A\left(1 - \frac{\omega}{R_1 V}\right)\exp(-R_1 V) + B\left(1 - \frac{\omega}{R_2 V}\right)\exp(-R_2 V) + \frac{\omega E}{V} \tag{6-1}$$

式中　E——单位质量内能；

V——比容；

A, B, R_1, R_2, ω——常数。

其中，右侧第一项在高压段起主要作用，第二项在中压段起主要作用，第三项代表低压段。在爆轰产物膨胀后期，式（6-1）前两项的作用可以忽略，为了加快求解速度，将炸药爆轰产物 JWL 状态方程转换为更为简单的理想气体状态方程。

AUTODYN 计算中 TNT 材料的 JWL 状态方程参数见表 6-1。经计算可得炸药的波阻抗为 $5.097 \times 10^6 \text{kg/(m}^2 \cdot \text{s)}$。

表 6-1　TNT 的 JWL 状态方程参数

A(GPa)	B(GPa)	R_1	R_2	ω	ρ（kg/m³）	D（m/s）	E（GJ/m³）	爆压 P_{CJ}（GPa）
371.2	3.231	4.15	0.95	0.30	1000	5097	3.6	7.63

6.2.1.3　混凝土的本构模型

计算中采用 AUTODYN 材料库中的 CONCRETE-L 模型作为混凝土材料，材料本构模型选择 Porous 状态方程、Drucker-Prager 强度模型和 Principal Stress 失效模型，混凝土材料参数见表 6-2。计算可得材料的波阻抗为 $3.62 \times 10^6 \text{kg/(m}^2 \cdot \text{s)}$。

表 6-2　CONCRETE-L 材料参数

项　目	密度 ρ_0（g/cm³）	固体声速（km/s）	抗压强度（MPa）	剪切模量（MPa）	拉伸极限（kPa）
参　数	1.942	1.86	3.93	900	−400

6.2.2　数值计算结果

6.2.2.1　鼓包运动过程

在 AUTODYN 计算结果文件中，通过调节 View range 选项和 Axes 附件，测得模型爆破结束后的开口直径为 320mm，爆破漏斗深度为 182mm，与爆破漏斗试验数据吻合较好，说明应用 AUTODYN 软件进行岩土中爆炸模拟是可行的。

提取 2ms、4ms、6ms、8ms、10ms、12ms、14ms、100ms 的计算文件，对模型切片处理后，在 AUTODYN 中观察到的鼓包运动过程，并对各时刻的鼓包运动轮廓线叠加组合，得到鼓包运动过程如图 6-2 所示，各时刻鼓包运动的轮廓线如图 6-3 所示。

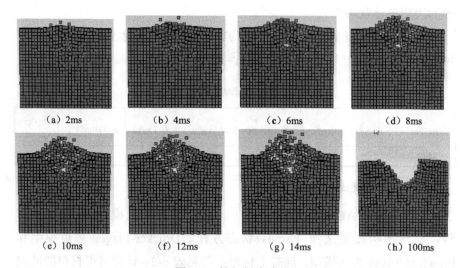

（a）2ms （b）4ms （c）6ms （d）8ms

（e）10ms （f）12ms （g）14ms （h）100ms

图 6-2　鼓包运动过程

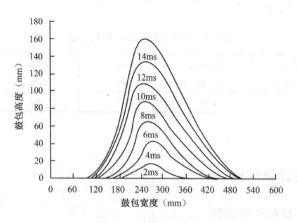

图 6-3　鼓包运动轮廓线

炸药在岩石中爆炸引起的岩石表面鼓包运动可以分为爆炸冲击波、应力波和爆生气体的准静态作用。爆生气体的作用时间比应力波作用时间略长，一般在毫秒数量级时间内结束。炸药爆炸产生的应力波使炮孔围岩受压破碎，在瞬间形成压缩破碎和初始裂纹，当应力波传播至岩石自由面时，一部分波发生透射，另一部分波发生反射形成拉伸波，反射回的拉伸波超过了岩石本身的抗拉强度且持续一定时间以后，就会在岩石表面产生片落作用。紧随其后，爆生气体迅速膨胀充满炮孔并以准静压力的方式作用于孔壁，形成岩石中的准静态应力，加剧初始裂纹扩展，使岩体中的裂纹贯穿，形成破碎岩块，并引起二次裂纹形成，最终分离和推动碎块朝着最小抵抗线方向抛出。

从图 6-3 可以看出，在爆炸初期的 1～4ms，高温高压的爆轰气体推动破碎岩块沿最小抵抗线方向做加速运动，形成了鼓包运动的第一个加速阶段；在 4～6ms，碎块间的夹制作用超过了爆轰气体的推力，鼓包运动开始减速；6～8ms，碎块间夹制作用减弱，鼓包受爆轰气体推动，加速上升；8～12ms，鼓包夹制作用与爆轰气体推力平衡，鼓包做近似匀速运动；12ms后，鼓包中心处破裂，碎块间夹制作用消失，伴随爆轰气体的急速溢出，鼓包运动加速。12ms 时，鼓包中心上升了 136mm，近似等于最小抵抗线（140mm）；之后，因爆轰气体溢出，鼓包不再受爆生气体推力作用，炸药的爆炸作用结束，鼓包内的碎块继续做抛掷运动。

6.2.2.2　数值计算结果分析

拾取 6 个测点的速度-时间曲线、加速度-时间曲线、位移-时间曲线，分别如图 6-4、图 6-5 和图 6-6 所示。

从图 6-4（a）可以看出，0.2ms 之后，测点 1、测点 2、测点 3 的速度值呈现出梯度下降的现象，且随时间的增加，各测点间的速度差值逐渐增大。表明近自由面中心的岩石单元将首先从模型中分离出去，即发生拉伸破坏。从图 6-4（b）可以看出，0.5ms 之后，测点 4 的速度大于测点 5 的速度，且测点 4 和 5 的速度均小于测点 3 的速度。说明在爆破鼓包运动过程中，不同埋深的岩石单元受到的阻力随深度的增加而增大。

从图 6-5（a）可以看出，2ms 后，测点 1、测点 2 的加速度值趋于稳定，表明模型轴心埋深 20mm 处的岩石已经破坏。测点 3 的加速度值先后经历了增大—减小—平稳—增大—减小—恒定的过程，经分析可知，4ms 前，模型轴心埋深 20~40mm 处的岩石发生破坏导致鼓包的夹制作用减弱，测点 3 的加速度值增大；4~5ms，爆轰气体的推力作用下降，测点 3 的加速度值略有减小；5~12ms，鼓包的夹制作用与爆轰气体的推力相平衡，测点 3 的加速度值固定不变；12ms 后，鼓包中心发生破裂，鼓包夹制作用近乎消失，爆轰气体逸出，并推动鼓包中心附近碎块做加速运动，并加剧了鼓包的破裂；14ms后，爆轰气体作用减弱，测点 3 的加速度值减小。

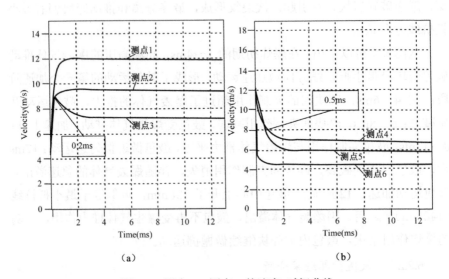

图 6-4　测点 1～测点 6 的速度-时间曲线

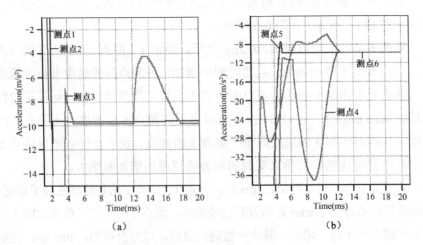

图 6-5　测点 1～测点 6 的加速度-时间曲线

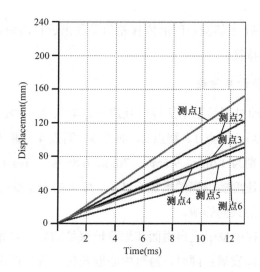

图 6-6　测点 1～测点 6 的位移-时间曲线

从图 6-5（b）可以看出，测点 6 先后经历了加速度值增大—减小—增大—减小—恒定的过程。分析可知，2ms 时，模型轴心埋深 100mm 处的岩石单元已发生破坏；2～3ms 时，爆轰气体的推力下降，测点 6 的加速度值减小；3ms 后，鼓包中心出现裂缝，鼓包的夹制作用减弱，测点 6 的加速度值增大；11～12ms，爆轰气体的推力进一步下降，测点 6 的加速度值减小；12ms 后，测点 6 在自身重力作用下做抛掷运动。测点 4 先后经历了加速度值增大—减小—增大—恒定的过程。分析可知，4ms 前，鼓包的夹制作用减弱，测点 4 的加速度值增大；6～9ms，爆轰气体对外做功能力下降，测点 4 的加速度值减小；9～12ms，鼓包中心处出现裂缝，鼓包的夹制作用减弱，测点 4 的加速度值增大；12ms 后，裂缝贯通，鼓包破裂（致密状的鼓包中心出现贯穿裂缝），测点 4 仅受重力作用，继续做抛掷运动。

从图 6-6 可以看出，2ms 时，测点 1、测点 2 已发生相对位移，表明测点 1、测点 2 所处位置的岩石已发生拉伸破坏。2ms 时，测点 6 与测点 5 已发生 8mm 的相对位移值，表明模型轴心埋深 100mm 处的岩石单元已发生拉伸破坏，与上文分析相符。相邻测点间的位移差随时间的增加而增大，且在同一时刻，相邻测点间的位移差值呈现出近自由面和近药包处大、中间埋深处小的特征。

6.2.2.3 数值计算结论

（1）鼓包运动过程呈现出加速—减速—近似匀速—加速—减速的空间特征。鼓包破裂后，测点1、测点2、测点3、测点4、测点5和测点6的初始抛掷速度分别为12m/s、9.5m/s、7m/s、6.8m/s、6m/s和4.3m/s，表明岩块的初始抛掷速度随埋深的增加而减小，爆堆的形态受碎块的初始抛掷速度和模型高度的共同影响。

（2）爆破过程中位于近自由面和埋藏较深处的岩石首先发生破坏，而后逐渐向中部埋深发展；同时，鼓包中心近药包一端先破裂成缝，且裂缝沿着最小抵抗线方向延伸和扩展，引起了鼓包自下而上，由中心向四周的隆起破裂，形成"气楔"的现象。

（3）起爆后12ms，鼓包破裂，爆轰气体迅速逸出，此时，鼓包上升了136mm，近似等于最小抵抗线（140mm），炸药的爆炸作用结束，岩块将在重力作用下继续做抛掷运动。

6.3 台阶模型试验中的数值计算

6.3.1 数值计算过程

6.3.1.1 材料模型

此次爆破模型试验的材料有砂浆、炸药和用于孔口段填塞的胶结物，因胶结物的力学性质无法测知，此次以砂浆材料代替；炸药材料模型通过关键字定义，炸药的爆轰压力、内能和相对体积的关系用JWL状态方程描述，即：

$$P = A\left(1 - \frac{\omega}{R_1 V}\right)\exp\left(-R_1 V\right) + B\left(1 - \frac{\omega}{R_2 V}\right)\exp\left(-R_2 V\right) + \frac{\omega E_o}{V} \qquad (6\text{-}2)$$

式中　V ——相对体积，m^3；

　　　E_o ——单位体积炸药的初始内能，J/m^3。

模型试验采用高能导爆索（25g/m）作为动力源，其内芯为黑索今炸药，药芯直径约为 4.8mm，换算成体密度约为 1.5g/cm³，黑索今炸药材料模型的主要参数见表 6-3。

表 6-3　黑索今炸药材料模型的主要参数

ρ（g/cm³）	D（m/s）	P_{CJ}（GPa）	A（GPa）	B（GPa）	R_1	R_2	ω	E_o（GJ/m³）
1.50	7000	23.1	611.3	10.65	4.4	1.2	0.32	8.127

注：ρ 为黑索今炸药密度，g/cm³；D 为爆速，m/s；P_{CJ} 为爆压，GPa；A、B、R_1、R_2、ω 均为与炸药材料有关的参数。

爆破过程中，被爆介质的加载应变率最高可达到 $10^4/s$，且爆炸粉碎区内的介质加载应变率比粉碎区外的加载应变率高，介质的动态抗压强度随加载应变率的上升而增大，即存在应变率效应。此次模拟的砂浆材料在爆炸冲击作用下会发生大变形，宜选择 LS-DYNA-3D 中的 H-J-C 材料模型，通过材料关键字 *MAT_JOHNSON_HOLMGUIST_CONCRETE 来定义。

H-J-C 材料模型综合考虑了材料的大应变、高应变率及高压效应，其等效屈服强度是关于介质应变率、压力和损伤的函数，而压力是关于包括永久压垮状态在内的体积应变的函数，损伤累积是关于等效塑性应变、塑性体积应变和压力的函数。H-J-C 材料模型强度采用规范化等效应力来描述：

$$\sigma^* = \left[A(1-D) + BP^{*N}\right]\left(1 + C\ln\varepsilon^*\right) \qquad (6\text{-}3)$$

式（6-3）中，$\sigma^* = \sigma/f_C'$，为实际等效应力与静态屈服强度之比；$P^* = P/f_C'$，为无量纲压力；$\varepsilon^* = \varepsilon/\varepsilon_0$，为无量纲应变率。

损伤因子 D（$0 \leqslant D \leqslant 1$）由等效塑性应变和塑性体积应变累加得到：

$$D = \sum \frac{\Delta\varepsilon_p + \Delta u_p}{\varepsilon_p^f + \mu_p^f} \qquad (6\text{-}4)$$

式中　$\Delta\varepsilon_{\mathrm{p}}$——等效塑性应变增量；

　　　$\Delta\mu_{\mathrm{p}}$——等效体积应变增量。

$$f(p) = \varepsilon_{\mathrm{p}}^f + \mu_{\mathrm{p}}^f = D_1\left(p^* + T^*\right)^{D_2} \tag{6-5}$$

式中　$f(p)$——常压 P 下材料断裂时的塑性应变；

　　　p^*, T^*——规范化压力与材料所能承受的规范化最大拉伸静水压力；

　　　D_1, D_2——损伤常数。

表 6-4 列出了砂浆材料 H-J-C 本构模型的主要参数，其中 ρ_0、G、F_c、P_c、T 为室内力学测试计算所得，其余材料参数的取值参考相关文献中的大应变、高应变率及高压下混凝土参数。

表 6-4　砂浆材料 H-J-C 本构模型参数

ρ_0	G	A	B	C	N	F_C
1.810	3.5	0.79	1.60	0.007	0.61	4.38
T	E_{PSO}	E_{Fmin}	$S_{\mathrm{F}}\mathrm{max}$	P_C	U_C	P_L
0.37	1.0×10^{-6}	0.01	7.0	146	3.5×10^{-4}	800
U_L	D_1	D_2	K_1	K_2	K_3	
0.06	0.04	1.0	0.85	-1.71	2.08	

注：ρ_0 为密度，$\mathrm{g/cm^3}$；G 为剪切模量，GPa；A、B、C、N、$S_{\mathrm{F}}\mathrm{max}$ 为强度参数；F_C 为静态屈服强度，MPa；T 为抗拉强度，MPa；E_{PSO} 为参考应变率；E_{Fmin} 为材料断裂时的最小塑性应变；P_C 为砂浆材料压碎时的体积应力，GPa；U_C 为压碎时的体积应变；P_L 为砂浆材料极限体积应力，MPa；U_L 为极限体积应变；D_1、D_2 为损伤常数；K_1、K_2、K_3 为压力参数。

6.3.1.2　数值计算模型与约束条件

本次针对不同孔间、排间毫秒延期时间下，模型内爆炸的单元应力、应变和位移变化规律展开数值计算研究。在综合考虑计算机性能和计算精度后，以前后排炮孔中心连线所在平面为对称面，建立 1/2 原模型大小的数值计算模型。模型采用映射网格划分，网格单元的个数共计 28.03 万个。在模型的对称面上施加 Y 方向的节点位移约束，在模型背面和底面通过关键字 Non-Reflection-Boundary 施加无反射边界约束。模型网格划分后共生成 6 个 PART，分别为砂浆、炸药 1、炸药 2、炸药 3、炸药 4、初始空间 PART，模型网格划分如图 6-7 所示。

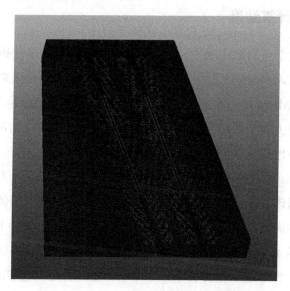

图 6-7　数值模型映射网格划分

根据大量统计资料，从起爆到岩石发生位移破坏的时间，是应力波传到自由面所需时间的 5～10 倍，即岩石发生位移破坏所需时间与最小抵抗线成正比。黑岱沟露天矿山抛掷爆破采用孔间毫秒延期时间为 9～25ms，排间毫秒延期时间为 75～150ms。当排间延时设为 100ms 时爆破效果良好，排间毫秒延期时间可按式（6-6）计算。

$$\Delta t = KW \qquad (6-6)$$

式中　Δt ——毫秒延期间隔时间，ms；

　　　K ——与爆破条件有关的系数，露天台阶爆破下，K 取值 2～5；

　　　W ——最小抵抗线或底盘抵抗线，m。

按照几何相似比，数值模型 2-1～2-3 的孔间延期时间设为 0.34ms，排间延时分别设为 1ms、2ms、3ms。

6.3.2 数值计算结果

国内有关学者对数值模拟结果进行分析时，主要通过观察模型内部单元的米塞斯（Von Mises）等效应力、应变及节点的位移变化来分析炸药破坏效应。Von Mises 是一种屈服准则，该屈服准则的值通常称为等效应力，它是以构建应力等值线的形式来描述模型内部的应力分布情况，可以帮助研究人员快速地确定模型中的破坏区域。

屈服准则：若物体仅处于单向应力状态时，只要单向应力超过材料的屈服强度，则该处质点将由弹性状态进入塑性状态；而当物体处于多向应力状态时，则需要考虑全部的应力分量。在一定的变形条件下，只有当各应力分量间满足一定关系时，质点才进入塑性状态。它是描述物体内质点在不同应力条件下进入塑性状态并维持塑性变形所必须遵守的力学条件，可以表示为：

$$f\left(\sigma_{ij}\right) = C \tag{6-7}$$

式（6-7）又称为屈服函数，C 是与材料性质有关而与应力状态无关的常数，可通过试验获得。

Von Mises 屈服准则可以表述为：当处于应力状态下的质点的等效应力达到某一与应力状态无关的定值时，材料就屈服。

6.3.2.1 模型内单元的有效应力分析

运行后处理程序 LS-PREPOST，读取 d3plot 数值计算结果文件，选择与前述应变砖相同位置处的单元，读取拉、压应力峰值大小，除以材料弹性模量后得到应变值，与超动态应变仪采集值对比结果见表 6-5。表 6-5 中拉应变偏差最小值为-6.3%，最大值为 29.2%，压应变偏差最小值为 10.9%，最大值为-25.9%，基本可以满足工程分析需要。提取数值计算 35μs、85μs、190μs、291μs 时刻对应的炸药爆轰传播应力云图，如图 6-8 所示。

表 6-5　超动态应变仪采集值与数值计算值对比

应变片		采集值		计算值		拉应变偏差	压应变偏差
		拉应变	压应变	拉应变	压应变	（%）	（%）
		（με）	（με）	（με）	（με）		
Ⅲ- Ⅰ	c	105	1927	90	1697	14.3	12.0
	b	239	877	255	683	−6.3	22.1
	a	107	1895	82	1601	23.4	15.5
Ⅲ- Ⅱ	c	101	1670	139	1992	−37.6	−19.3
	b	216	866	153	723	29.2	16.5
	a	285	181	356	228	−24.9	−25.9
Ⅲ-Ⅲ	b	150	2023	137	1803	8.7	10.9
	a	173	978	141	842	18.5	13.9

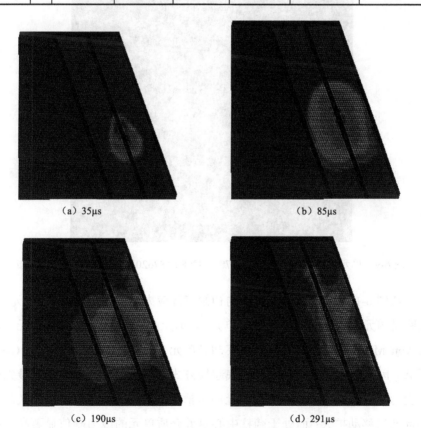

（a）35μs　　　　　　　　　　　（b）85μs

（c）190μs　　　　　　　　　　　（d）291μs

图 6-8　炸药爆轰传播的应力云图

从图 6-8 可以看出，炸药爆轰在传播过程中类似"水滴"形，在大约 85μs 时刻，炸药爆炸结束，此时爆轰波外轮廓呈现出椭球状。在 190μs 时刻，爆炸应力波传至斜坡面后，在自由面发生了反射，形成了拉伸应力波。219μs 时刻可以看到拉伸应力波在垂直自由面方向形成了开口朝向自由面的"漏斗"状的卸载波。在平行于台阶坡面某平面上，沿垂直高度拾取 5 个单元，5 个单元在模型的位置如图 6-9 所示。提取前 250μs 的 Von Mises 等效应力变化曲线。提取单元（193780）在 X、Y、Z 三个方向的 Von Mises 有效应力变化曲线，如图 6-10 所示。

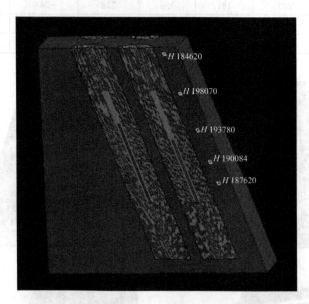

图 6-9　单元（184620,198070,193780,190084,187620）在模型中的位置分布

从图 6-10 可以看出，单元 E 的初始有效应力出现最早，其次是单元 D，最晚是单元 A。峰值应力大小为单元 D>单元 B>单元 E>单元 C>单元 A，而 Von Mises 有效应力的加载速率却是单元 D>单元 B>单元 E>单元 C>单元 A。因此可以得出：当采取孔底起爆方式时，炮孔底部周边介质最先处于受力状态，且随着炸药爆轰的上向传播，介质的受力状态由炮孔底部逐渐向孔口移动扩大；而处于药柱中心附近介质单元的应力峰值显著高于孔

底和孔口附近介质单元的应力峰值，孔底附近介质单元的应力峰值稍高于孔口处介质单元的应力峰值，表明在装药中心周边位置处的介质将最先受到破坏。

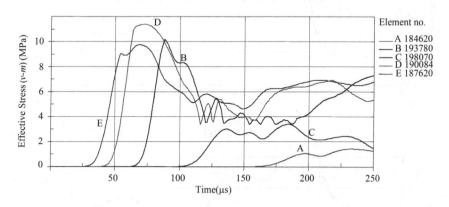

图 6-10　单元的等效应力（Von-Mises）变化曲线

由图 6-11 可以知道，单元 A 从 61μs 开始受到一个 X 方向的压应力，峰值为 5MPa，压应力持续时间约为 55μs，紧接着从 117μs 开始，受到一个 X 方向的拉应力，峰值为 1.06MPa，持续时间约为 20μs，之后以拉、压交替的方式出现。该单元于 61μs 受到一个 Y 方向的峰值为 0.5MPa 的短暂压应力，持续时间约 28μs，紧接着在 90μs 时，受到一个 Y 方向的峰值为 1.8MPa 的超长时间的拉应力，该拉应力持续时间约 137μs。单元 A 从一开始就受到 Z 方向的峰值为 6.56MPa 的超长时间的压应力，持续时间约 725μs，紧接着受到一个 Z 方向的峰值为 1.9MPa 的长时间的拉应力，持续时间约 206μs。因砂浆材料的动态抗压强度远大于静态单轴抗压强度，该单元的失效主要是拉应力造成的，且单元所受 Y 方向的拉应力时间早于 X 方向的受拉时间，而单元受到 X 方向的拉应力时间早于 Z 方向的受拉时间。据此推断出：沿炮孔径向的裂隙发展速度要快于沿炮孔环向的裂隙发展速度，而沿装药高度方向的层状裂隙发展速度最慢。

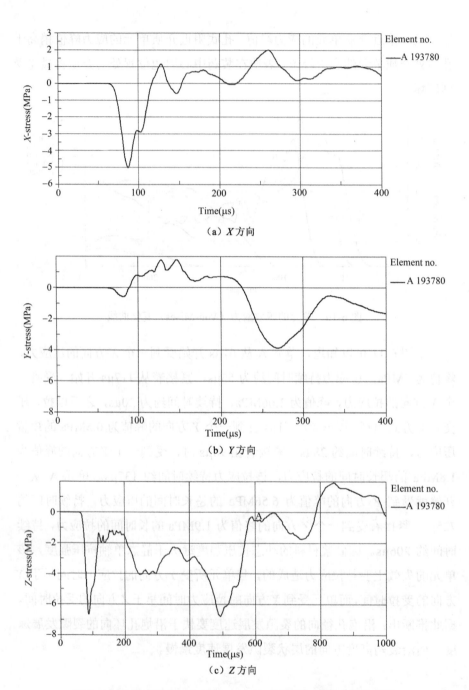

（a）X方向

（b）Y方向

（c）Z方向

图 6-11　单元（193780）在 X、Y、Z 三个方向的应力变化曲线

　　在前、后排炮孔中间的倾斜面上，沿垂直高度选择 3 个特征单元，分别位于药柱顶部水平、中部水平和底部水平处，提取 3 个单元在 X、Y、Z 三个方向的应力变化曲线，如图 6-12 所示。

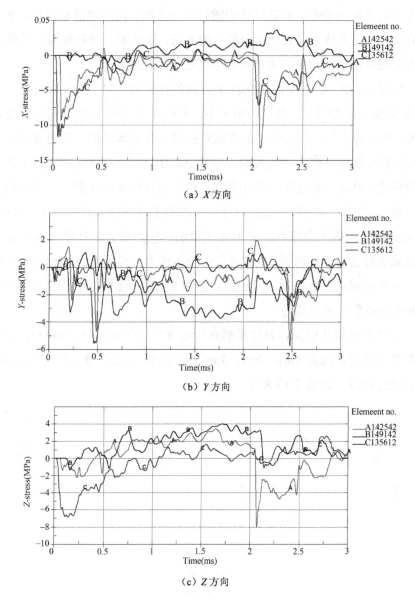

（a）X 方向

（b）Y 方向

（c）Z 方向

图 6-12　单元（142542,149142,135612）在 X、Y、Z 三个方向的应力变化曲线

从图 6-12 可知，位于炸药底部水平的单元 C 起初受到了一个时间较长的 X 方向压应力，持续时间约为 800μs，其压应力峰值大于处于装药中心水平处单元 A 的 X 方向压应力峰值，位于药柱顶部水平的单元 B 所受的 X 方向压应力最小。而在所受到的拉应力方面，情况则恰恰相反，单元 B 所受的拉应力峰值是其他两个单元的 6 倍。表明第一排孔起爆对后排孔口附近的介质影响较大，可能在孔口附近产生裂隙。

单元 A、B、C 均受到了来自 Y 方向的拉应力。第二排孔起爆后，单元 A 所受拉应力最大，其次为单元 B，且单元 A 由受压状态转向为受拉状态，表明处于装药中心水平的介质较孔口和孔底水平的介质更容易受到 Y 方向拉伸破坏，产生径向裂隙。单元 A、B、C 在 Z 方向均受到了较大的拉应力，单元 B 所受的拉应力最大，位于药柱底端水平的单元所受的拉应力最小。当第二排孔起爆后，3 个单元均受到了 Z 方向的压应力，其中，单元 C 所受的压应力最小，单元 A 所受的压应力最大，且单元 A 直接由受拉状态转变为受压状态，紧接着又由受压转为受拉状态。综合分析表明，第一排炮孔爆破后会使得后排介质单元在 Z 方向受到的拉应力大于在 X、Y 两个方向受到的拉应力。

选择两排炮孔中间，且位于装药中心水平处的单元（142542），分别提取排间延期时间为 1ms、2ms、3ms 下，该单元在 X、Y、Z 三个方向的应力变化曲线，如图 6-13 所示。

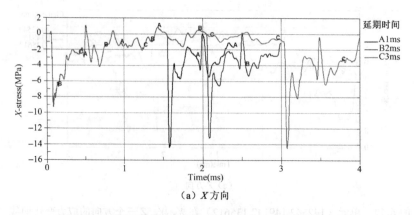

(a) X 方向

图 6-13　不同延期时间下单元（142542）的应力变化曲线

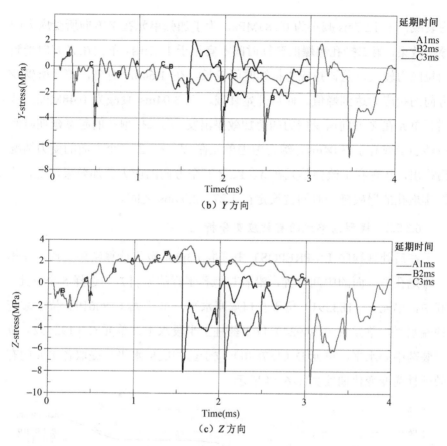

图 6-13　不同延期时间下单元（142542）的应力变化曲线（续）

从图 6-13 可以看出，第一排孔起爆后的 0.51ms 时间内，单元在 X 方向受到的最大拉应力为 1.11MPa。此后拉应力开始衰减，1.93ms 时减至 0.45MPa，2.04ms 后单元所受 X 方向应力主要为压应力。从有利于单元在 X 方向的受力状态出发，当第一排孔起爆产生的拉应力与第二排炮孔爆破产生的压应力在 X 方向发生叠加时，则单元在 X 方向受到的拉应力会被削弱甚至消失。当第一排炮孔爆破产生的压应力与第二排炮孔起爆产生的压应力在 X 方向发生叠加时，则单元在 X 方向受到的压应力会得到增强。据此分析，第二排炮孔起爆的延期时间不宜晚于 2.04ms。

单元在 193μs 时刻受到 Y 方向的峰值拉应力为 1.43MPa，之后该拉应力衰减，于 1.27ms 减小为 0.083MPa。为了加强单元在 Y 方向所受应力的叠加效果，第二排孔起爆的延期时间不宜早于 1.27ms。单元在 Z 方向受到的拉应力较大，且该拉应力持续时间较长。在 1.64ms 时刻，单元所受 Z 方向的拉应力达到峰值。此后开始衰减，于 3.04ms 衰减为 0.48MPa。从增强单元在 Z 方向所受应力的叠加效果出发，第二排炮孔的起爆延期时间应该小于或等于 3.04ms。综合考虑单元在 X、Y、Z 三个方向的受力情况后得出，从有利于改善单元在 X、Y、Z 三个方向的应力叠加效果出发，第二排炮孔的爆破延期时间宜设定在 1.27～2.04ms 之间。

6.3.2.2 模型内单元的有效应变分析

在后处理程序 LS-PREPOST 中读取 d3plot 数值计算结果文件，在第一排炮孔与坡面的中间位置，沿着与炮孔平行的倾斜方向选择 5 个单元。其中，单元 E（183391）位于孔口填塞水平，单元 A（180619）位于装药顶端水平，单元 B（194924）位于药柱上半段水平，单元 C（192152）位于装药中心水平，单元 D（187840）位于药柱底部水平。提取各单元的有效塑性应变变化曲线如图 6-14 所示。

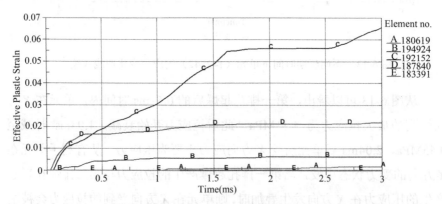

图 6-14 单元（180619,194924,192152,187840,183391）的有效塑性应变变化曲线

在两排孔的中间位置，沿与炮孔平行的倾斜方向选择 4 个单元。其中，单元 A（132621）位于孔口填塞水平，单元 B（148482）位于药柱上端水平，单元 C（143532）位于装药中心水平，单元 D（137922）位于药柱底

部水平。提取 4 个单元的有效塑性应变变化曲线如图 6-15 所示。

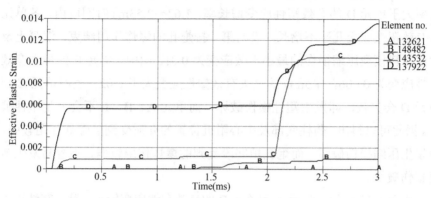

图 6-15　单元（132621,148482,143532,137922）的有效塑性应变变化曲线

在背离台阶坡面方向，距离第二排炮孔 X=6cm 的位置，沿与炮孔平行的倾斜方向选择 4 个单元。单元 A（97992）位于药柱顶端水平，单元 B（82504）位于药柱上半段中心水平，单元 C 位于药柱中心水平，单元 D 位于药柱底端水平。提取 4 个单元的有效塑性应变变化曲线如图 6-16 所示。

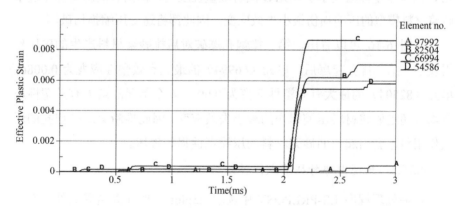

图 6-16　单元（97992,82504,66994,54586）的有效塑性应变变化曲线

从图 6-14 可以看出，前排孔起爆后的 400μs 内，单元 D 的有效塑性应变增长率大于单元 C 的有效塑性应变增长率；单元 C 的有效塑性应变增长率大于单元 B 的有效塑性应变增长率；单元 B 的有效塑性应变增长率大于单元 A 的有效塑性应变增长率；单元 A 的有效塑性应变增长率大

于单元 E 的有效塑性应变增长率。0.4ms 以后，单元 C 的有效塑性应变增长率大于单元 D 的有效塑性应变增长率。1.62～2.53ms 时间段内，各单元的有效塑性应变几乎不增长，表明第一排炮孔的爆炸作用结束。混凝土及砂浆材料模型压缩损伤的最小失效应变为 0.01。图中，单元 B 的最大有效塑性应变为 0.006，单元 D 的最大有效塑性应变大于 0.02，表明单元 C 和单元 D 会失效，即发生塑性损伤破坏，而单元 A、B、E 不会发生塑性破坏。据此可以得出：药柱底部及中心附近位置的介质受到的爆炸作用较强，将发生压缩损伤破坏，而炮孔填塞段受到的爆炸作用较弱，不容易发生塑性损伤破坏。

由图 6-15 可知，单元 A 和单元 B 的有效塑性应变较小，发生塑性损伤破坏的概率较小。单元 C 的初始有效塑性应变加载率小于单元 D 的初始有效塑性应变加载率，但当第二排孔起爆后，单元 C 的有效塑性应变加载率明显大于单元 D 的有效塑性应变加载率。表明第一排孔爆破对后排介质的压缩损伤破坏主要集中在靠近药柱底部的区域，而第二排孔爆破对前排介质的压缩损伤破坏作用主要集中在装药中心水平及药柱底部水平区域。单元 C 的有效塑性应变小于单元 D 的有效塑性应变，但两者的应变都超过了砂浆材料模型的压缩损伤最小失效应变，因此都将遭受压缩损伤破坏。

从图 6-16 可以看出，第一排炮孔爆破对后排砂浆材料产生的破坏作用较小，第二排孔起爆后，单元（66994）的最大有效塑性应变为 0.0086，单元（82504）的最大有效塑性应变为 0.007，4 个单元的最大有效塑性应变均未超过砂浆材料压缩损伤的最小失效应变，因此推断第二排炮孔的爆破作用将不会引起后面砂浆材料的压缩塑性损伤破坏。

6.3.2.3 模型内部特征节点位移分析

在后处理程序 LS-PREPOST 中读取 d3plot 数值计算结果文件，在台阶坡面方向，距离第一排孔 X=7cm 的位置，沿与倾斜炮孔平行方向，从药柱顶端至药柱底部依次选取 5 个节点。节点（192844）位于装药顶部水平，节点（200233）位于药柱上半段水平，节点（200090）位于药柱上半段水平，节点（199986）位于装药中心水平，节点（199882）位于装药底部水平。鉴于数值模型在对称面施加了 Y 方向的节点位移约束，因此节点

在 Y 方向的位移不予考虑。本次提取 5 个节点在 X、Z 两个方向的位移变化曲线及合成位移变化曲线如图 6-17 所示。

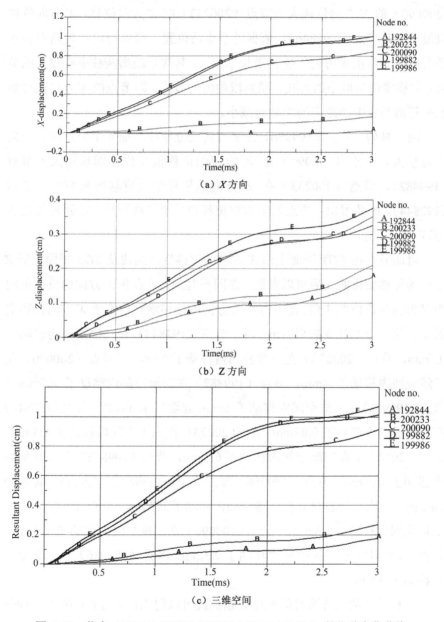

（a）X 方向

（b）Z 方向

（c）三维空间

图 6-17　节点（192844,200233,200090,199882,199986）的位移变化曲线

从图 6-17 可知，同一时刻，节点（199986）在 X 方向的位移速率和位移值都较其他节点大，其次是节点（199882）的 X 方向的位移，节点（200090）的 X 方向位移大于节点（200233）的 X 方向位移，X 方向位移值最小的是节点（192844）。依据各节点的位置，可以得出：装药中心水平附近的节点在 X 方向的位移增长率最大，其次是距离药柱中心较近的节点，位移增长率最小的是孔口填塞段附近的节点，即节点的 X 方向位移增长率随离药柱中心距离的增加而减小。

同一时刻，节点（199986）在 Z 方向的位移较其他 4 个节点在 Z 方向的位移大，节点（200090）在 Z 方向的位移值及位移增长率大于节点（199882），节点（200233）在 Z 方向的位移值及位移增长率大于节点（192844）。因此得出：节点的 Z 方向位移增长率随离药柱中心距离的增加而减小。

对比节点在 XOY 平面上沿 X 方向的位移变化曲线及 YOZ 平面上沿 Z 方向的位移变化曲线后可以发现，在同一时刻，节点在 X 方向的位移值约为 Z 方向位移值的 3 倍，而节点在 Z 方向的位移增长率大于 X 方向位移增长率。第一排炮孔爆破后 1ms 内，节点（192844）在三维空间内移动了 0.5mm，节点（200233）在三维空间内移动了 0.8mm，节点（200090）在三维空间内移动了 4mm，节点（199882）在三维空间内移动了 4.6mm，节点（199986）在三维空间内移动了 5mm。起爆后 1.5ms 内，节点（192844）在三维空间内移动了 0.85mm，节点（200233）在三维空间内移动了 1.4mm，节点（200090）在三维空间内移动了 6.2mm，节点（199882）在三维空间内移动了 7.5mm，节点（199986）在三维空间内移动了 7.8mm。起爆后 2ms 内，节点（192844）在三维空间内移动了 0.9mm，节点（200233）在三维空间内移动了 1.6mm，节点（200090）在三维空间内移动了 7.7mm，节点（199882）在三维空间内移动了 9.3mm，节点（199986）在三维空间内移动了 9.5mm。

分析节点的位移随时间变化关系曲线可以得出：不论节点处于何种位置，当其位移值都达到 0.5～1mm 时，即认为在第一排孔所确定的倾斜面开辟出了裂缝面，为了创造第二排孔爆破所需自由面，第二排炮孔的起爆延期时间应设定在 1.5ms 以上。

6.3.2.4　数值计算结论

此次以台阶模型抛掷爆破试验为原型，分别模拟了排间毫秒延期时间为 1ms、2ms、3ms 的台阶爆破过程。在后处理程序 LS-PREPOST 中加载 d3plot 数值计算结果文件，经观察爆破过程中的应力云图，且对不同位置处单元的 X、Y、Z 方向应力随时间变化曲线，单元的有效塑性应变随时间变化曲线，节点在 X、Z 方向及三维空间的位移随时间变化曲线进行分析后，可得到如下结论：

（1）炸药爆轰在传播过程中类似"水滴"形，当爆炸应力波传至自由面时会发生反射，形成拉伸波，之后拉伸波将逐渐发展扩大呈"漏斗"形状，此时拉伸波主要表现为应力波卸载作用。

（2）采用孔底部起爆方法时，位于药柱中心附近单元的应力峰值显著高于孔底和孔口附近单元的应力峰值，而孔底附近单元的应力峰值稍高于孔口处单元的应力峰值，表明在装药中心附近的介质将最先受到破坏。

（3）同一单元在 Z 方向受到的最大压应力大于单元在 X 方向受到的最大压应力，单元在 X 方向受到的最大压应力大于在 Y 方向受到的最大压应力；单元在 Y 方向受到的拉应力时间最早，其次是 Y 方向，最后是 Z 方向；表明沿炮孔径向的裂隙发展速度要快于沿炮孔环向的裂隙发展速度，而沿装药高度方向的层状裂隙发展速度最慢。

（4）当前排孔爆破后，后排介质单元在 Z 方向受到的最大拉应力大于单元在 Y 方向受到的最大拉应力，单元在 X 方向受到的拉应力最小；为了有利于改善被爆介质单元在 X、Y、Z 三个方向的应力叠加效果，第二排炮孔的起爆延期时间宜设定在 1.27～2.04ms 之间。

（5）分析节点在 X、Z 方向及三维空间的位移随时间变化曲线可得出：处于不同空间位置的节点，当其位移值达到 0.5～1mm 时，即认为在第一排孔所确定的倾斜面开辟出了裂缝面，为了创造第二排孔爆破所需要的自由面，第二排炮孔的起爆延期时间应设定在 1.5ms 以上。综合以上考虑，高台阶抛掷爆破模型试验的合理延期时间为 1.5～2.04ms，因此，建议黑岱沟煤矿高台阶抛掷爆破的合理排间延期时间为 75～102ms。

6.4 本章小结

本章运用 LS-DYNA 有限元程序，砂浆材料单元采用 LAGRANGE 算法，炸药材料单元及炮孔附近的砂浆单元采用 ALE 算法，分别针对 3.5 节描述的单孔爆破漏斗试验和台阶抛掷爆破模型试验创建了数值计算模型，分别模拟了圆柱体素混凝土模型的爆炸过程和排间毫秒延期时间为 1ms、2ms、3ms 下的台阶爆破过程，主要得到如下结论：

（1）爆破漏斗模型试验中，鼓包运动过程呈现出加速—减速—近似匀速—加速—减速的空间特征。鼓包破裂后，岩块的初始抛掷速度随埋深的增加而减小，爆堆的形态受碎块的初始抛掷速度和模型高度的共同影响。

（2）爆破过程中，位于近自由面和埋藏较深处的岩石首先发生破坏，而后逐渐向中部埋深发展。

（3）在台阶相似模型试验的数值计算中，砂浆材料单元采用 LAGRANGE 算法，炸药材料单元及炮孔附近的砂浆单元采用 ALE 算法，采用关键字*CONSTRAINED_LAGRANGE_IN_SOLID 定义 LAGRANGE 单元与 ALE 单元间的流固-耦合。炸药材料模型通过关键字 *MAT_HIGH_EXPLOSIVE_BURN 定义，砂浆材料模型通过材料关键字 *MAT_JOHNSON_HOLMGUIST_CONCRETE 定义，可获得较好效果。

（4）炸药爆轰在传播过程中类似"水滴"形，当爆炸应力波传至自由面时，会发生反射，形成拉伸波，之后拉伸波将逐渐发展扩大；采用孔底部起爆方法时，装药中心附近的介质将最先受到破坏；沿炮孔径向的裂隙发展速度要快于沿炮孔环向的裂隙发展速度，而沿装药高度方向的层状裂隙发展速度最慢。

参考文献

[1]　魏晨慧，朱万成，白羽，等. 不同节理角度和地应力条件下岩石双孔爆破的数值模拟[J]. 力学学报，2016，48(4)：926-935.

[2]　黄永辉，刘殿书，李胜林，等. 高台阶抛掷爆破速度规律的数值模拟[J]. 爆炸与冲击，2014，34(4)：495-500.

[3]　肖正学，郭学彬，张继春，等. 含软弱夹层顺倾边坡爆破层裂效应的数值模拟与试验研究[J]. 岩土力学，2009，30(z1)：15-18，23.

[4]　王志亮,郑明新. 基于 TCK 损伤本构的岩石爆破效应数值模拟[J]. 岩土力学，2008，29(1)：230-234.

[5]　Saharan M R, Mitri H S. A Numerical Approach for Simulation of Rock Fracturing in Engineering Blasting [J]. International Journal of Geotechnical Earthquake Engineering (IJGEE), 2010, 1(2):38-58.

[6]　Saharan M R, Mitri H S. Numerical Procedure for Dynamic Simulation of Discrete Fractures Due to Blasting [J]. Rock Mechanics and Rock Engineering, 2008, 41(5):641-670.

[7]　Zeinab Aliabadian, Mansour Sharafisafa, Mohammad Nazemi. Simulation of Dynamic Fracturing of Continuum Rock in Open Pit Mining [J]. Geomaterials, 2013, 3(3):82-89.

[8]　Dohyun Park, Byungkyu Jeon, Seokwon Jeon. A Numerical Study on the Screening of Blast-Induced Waves for Reducing Ground Vibration [J]. Rock Mechanics and Rock Engineering, 2009, 42(3):449-473.

[9]　吕则欣，陈华兴. 岩石强度理论研究[J]. 西部探矿工程，2009，1(1)：5-6.

[10]　余永强. 层状复合岩体爆破损伤断裂机理及工程应用研究[D]. 重庆：重庆大学，2003.

[11]　侯爱军. 石灰岩在爆炸载荷作用下的破坏机理试验研究[J]. 爆破，2009(1)：6-9.

[12]　段乐珍，徐国元，陈寿化. 爆炸加载下的瞬态应变实验研究[J]. 采矿技术，2003，3(4)：15-17.

[13]　杨仁树，高祥涛，车玉龙，等. 基于 HHT 方法的爆炸应变波时频分析[J]. 振动与冲击，2014(10)：17-21.

[14]　李祥龙. 高台阶抛掷爆破技术与效果预测模型研究[D]. 北京：中国矿业大学（北京），2010.

[15]　时党勇，李裕春，张胜民.基于 ANSYS/LS-DYNA8.1 进行显示动力分析[M]. 北京：清华大学出版社，2005：2-6.

[16]　宁惠君，王浩，吴坛辉，等.爆轰驱动异形杆在空气阻力作用下的动力学模拟[J]. 爆炸与冲击，2015，35(4)：541-546.

[17]　洪武，徐迎，金丰年，等. 地下拱形结构爆炸响应计算二维和三维模型比较[J]. 振动与冲击，2014(9)：142-147.

[18]　任辉龙，段群苗，蔡永昌，等. 浅埋连拱隧道爆破的数值模拟[J]. 爆破，2012，29(4)：70-75.

[19]　白金泽. LS-DYNA3D 理论基础与实例分析[M]. 北京：科学出版社，2004：100-103.

[20]　赵铮，陶钢，杜长星，等. 爆轰产物 JWL 状态方程应用研究[J]. 高压物理学报，2009，23(4)：277-282.

[21]　孙璟，阳志光. 膨胀管分离装置爆炸分离过程仿真和优化[C]//第九届全国爆炸与安全技术学术会议论文集，2006：140-143.

[22]　李莹. 高应力岩体爆破作用效果的数值模拟[D]. 沈阳：东北大学，2013.

[23]　张凤国，李恩征. 大应变、高应变率及高压强条件下混凝土的计算模型[J]. 爆炸与冲击，2002，22(3)：198-202.

[24]　任根茂，吴昊，方秦，等. 普通混凝土 HJC 本构模型参数确定[J]. 振动与冲击，2016(18)：9-16.

[25]　李耀. 混凝土 HJC 动态本构模型的研究[D]. 合肥：合肥工业大学，
　　　2009.

[26]　王新生，程凤丹. 围岩损伤控制爆破数值模拟研究[J]. 北京理工大
　　　学学报，2014(10)：991-996.

[27]　孙志超，于琦，杨军. 基于连续损伤本构模型台阶爆破振动数值模
　　　拟研究[J]. 兵工学报，2016(S2)：232-235.

[28]　李顺波，杨军. 孔间不同毫秒延时对爆破振动影响的数值模拟[J].
　　　煤炭学报，2013(S2)：325-330.

[29]　魏炯，朱万成，魏晨慧，等. 导向孔对两爆破孔间成缝过程影响的
　　　数值模拟[J]. 工程力学，2013(5)：335-339.

[30]　胡英国，卢文波，陈明，等. 岩体爆破近区临界损伤质点峰值震动
　　　速度的确定[J]. 爆炸与冲击，2015(4)：547-554.

[31]　余海兵，胡斌，冉秀峰，等. 峨眉黄山石灰石矿台阶边坡爆破振速
　　　安全阀值研究[J]. 振动与冲击，2016(14)：125-129.

[32]　张智超，陈育民，刘汉龙. 微差爆破模拟天然地震的数值分析与效
　　　果评价[J]. 岩土力学，2013(1)：265-274.